地壳构造与地壳应力文集(25)

中国地震局地壳应力研究所　编

地震出版社

2013

图书在版编目(CIP)数据

地壳构造与地壳应力文集(25)/中国地震局地壳应力研究所编.
—北京：地震出版社，2013.9
ISBN 978 - 7 - 5028 - 4337 - 3
Ⅰ.①地… Ⅱ.①中… Ⅲ.①地壳构造 - 文集 ②构造地应力 - 文集
Ⅳ.①P313.2 - 53
中国版本图书馆 CIP 数据核字(2013)第 213937 号

地震版 XM2924

内 容 提 要

本书为中国地震局地壳应力研究所连续性学术论文集的第 25 集。全书包括地壳动力学研究、地震地质、工程地震、遥感地质和钻孔应力应变观测仪器等方面的内容。

本书可供地震地质、工程地质、地应力测量技术及应用等领域的人员及有关大专院校的师生阅读。

地壳构造与地壳应力文集(25)
中国地震局地壳应力研究所 编
责任编辑：张宝红
责任校对：王忠东

出版发行：地震出版社

北京民族学院南路 9 号　　　　　　　　邮编：100081
发行部：68423031　68467993　　　传真：88421706
门市部：68467991　　　　　　　　传真：68467991
总编室：68462709　68423029　　　传真：68455221
专业部：68467982　68721991
http://www.dzpress.com.cn

经销：全国各地新华书店
印刷：北京地大天成印务有限公司

版(印)次：2013 年 9 月一版　2013 年 9 月第一次印刷
开本：787×1092　1/16
字数：218 千字
印张：8.5
印数：0001～1000
书号：ISBN 978 - 7 - 5028 - 4337 - 3/P（5026）
定价：25.00 元

编　委　会

目　录

Content

利用震源机制解数据反演构造应力
张量算法改进的初步探讨

朱敏杰　　崔效锋[①]

（中国地震局地壳应力研究所　北京　100085）

摘　要　基于滑动方向拟合法的基本思想，国内外学者提出多种利用震源机制解数据反演构造应力张量的具体算法。本文在对其中的两种典型算法的原理思路进行介绍的基础上，着重分析了两种典型算法的特点和优点，以及不足之处。依据人工数值试验的一些初步结果，对两种典型算法有针对性地提出了相应的改进思路，以期为利用震源机制解数据反演构造应力张量算法的改进完善以及合理应用提供借鉴。

关键词　应力张量　反演算法　震源机制解　滑动方向拟合法

一、引　言

构造应力是地壳最重要的性质之一，地壳表面和内部发生的各种地质构造现象及其伴生的各种物理与化学现象，包括深部矿产资源的形成和赋存规律，都与地壳应力作用密切相关。因此，了解地壳构造应力分布状态，特别是地壳深部应力状态，是解决地球动力学有关科学问题的基础，如板块驱动机制、地震发生机制、区域地壳稳定性、地震预测研究等（杨树新等，2012a）。

随着地球动力学研究的不断深入，对构造应力进行分析的方法取得了很大发展，由少量单一应力数据简单定性分析构造应力场特征，发展为利用大量多种应力数据深入分析构造应力场细结构（谢富仁等，2004；崔效锋等，2006a；杨树新等，2012b）。例如，利用深孔地应力测试数据分析地壳浅部应力随深度的变化规律；利用 GPS 和大地形变观测资料反演构造应力场及其变化特征；利用地震活动资料或地震波记录对地壳深部构造应力及其变化进行推断等。由于计算机技术的飞速发展及其在地学研究中的广泛应用，使得人们能够借助计算机技术对地壳应力状态进行深入的反演分析。其中，利用大量观测数据反演拟合地壳平均构造应力张量方法（也称滑动方向拟合法）的提出，避免了由单个数据刻画地壳应力的偏差和受应力场调整变化带来的不确定性。本文在简要总结滑动方向拟合法

① 作者简介：朱敏杰，硕士研究生，主要研究方向为地球动力学、现代构造应力场。
　基金项目：国家科技支撑计划：地震应力环境探测技术与方法研究（2012BAK19B03）、深部探测技术与实验研究专项构造应力分析方法研究与应力探测数据集成（SinoProbe-06-04）共同资助。

的起源和发展历程的基础上，对最具代表性的利用震源机制解数据反演构造应力张量的两种典型算法的基本原理、优点以及不足进行了分析，并提出了可能的改进方向，以此希望为构造应力张量反演算法的改进完善和合理应用提供借鉴。

二、断层滑动反演构造应力张量方法简介

利用断层滑动矢量反演构造应力张量的基本思想最初始于 Bott（1959）的断层滑动机制分析。对于产状一定的断层，当满足滑动条件时，向哪个方向滑动，是受断层所在地区构造应力张量控制的。与地层记录着地球沧海桑田的变化一样，活动构造形迹（如断层擦痕）记录着在某一地质时期断层的滑动方向。Carey 等（1974；1976）根据 Bott 的原则提出了由断层滑动矢量反演构造应力张量的设想和计算方法，即依据一组地质断层上滑动方向的观测数据（断层擦痕），去推断某一构造活动时期作用于该组断层上的平均应力张量的方法。该方法的实质是用计算出的断面上剪应力方向去拟合断面上的滑动方向，所以也叫滑动方向拟合法。此后，Armijo 等（1978）、Angelier（1979；1984）、Etchecopar 等（1981）对该方法不断予以改进，并作了进一步的研究分析，使之逐步完善。

在滑动方向拟合法提出的初期，该方法主要用于利用地质断层滑动数据（断层擦痕）反演平均构造应力张量。实际上除断层擦痕外，还有其它一些数据能够展现断层滑动机制，如震源机制解、跨断层形变观测数据等。震源机制解的两个节面及滑动角实质上反映了震源区断层及其运动特征，有学者对滑动方向拟合法的应用进行了拓展，提出了利用震源机制解数据反演构造应力张量的具体算法（Ellsworth et al.，1980；Gephart et al.，1984；许忠淮，1985）。多年以来，国内外不少学者运用滑动方向拟合法，利用断层擦痕、震源机制解、跨断层形变观测资料等多种数据，对不同地区构造应力张量进行了研究，并取得重要成果（Ellsworth，1982；Zoback，1983；Carey et al.，1987；Mercier et al.，1987；许忠淮等，1984；谢富仁等，1989，1993，2001；Plenefisch et al.，1997；崔效锋等，1999，2006a，2006b；张红艳等，2007），使之成为目前研究构造应力场最有效的方法手段之一。

滑动方向拟合法的基本假定条件是：①所研究区域的应力场是均匀的，这种均匀性包括了构造事件在空间和时间上的相对稳定和持续；②断层滑动相互独立，即断层的存在不改变应力场的均匀性；③介质是各向同性的。在上述假定条件下，该方法的目的是寻找一个适当的应力张量，使作用在每个断层面上的剪应力矢量与断层滑动矢量之间的偏差最小。不难证明，断层面上的剪应力矢量是由应力张量中的偏应力张量部分决定的，也就是说，断层面上的剪应力方向只取决于应力张量的四个参量，它们是三个主应力方向和一个反映主应力比值结构的应力形因子 $R = (\sigma_2 - \sigma_3) / (\sigma_1 - \sigma_3)$，其中 σ_1、σ_2、σ_3 分别代表最大、中间、最小三个主压应力。因此，滑动方向拟合法可以给出断层所在区域构造应力的四个特征参数，即三个主应力的方向和一个反映主应力相对大小的应力形因子 R。

三、利用震源机制解数据反演构造应力张量的两个典型算法

在利用地质断层滑动数据（断层擦痕）反演平均构造应力张量时，每条断层滑动数据，包括断层产状和滑动方向，都是唯一已知的。而对于震源机制解数据，一条震源机制解数据给出了两个节面，也就是说，一条震源机制解数据给出了两个可能的断层面及滑动方向，并且在大多数情况下（尤其是中小地震震源机制解）是不能从两个节面中判定哪个是实际断层面的。因此，对一个震源机制解两个节面如何处理，就成为将滑动方向拟合法用于震源机制解反演构造应力张量时需要解决的一个主要问题。

就上述问题的解决，不同的学者提出了不同的方法，并给出了具体算法。Ellsworth 等（1980）提出将震源机制解的两个节面都作为可能的地震断层面进行尝试的计算方法，本文称其为节面试算法。Gephart（1984）提出了将四个应力参数（三个主应力方向和应力形因子 R）的任何一种组合都作为一个应力模型，利用全空间网格搜索确定最佳应力模型的计算方法，本文称其为网格搜索法。上述两种算法是最具代表性的利用震源机制解数据反演构造应力张量的两种典型算法。

1. 节面试算法

节面试算法最早是由 Ellsworth 等提出的（Ellsworth et al. , 1980；许忠淮，1985）。该算法将两个节面同等权重看待，都作为地震事件可能的实际断层面，将参与反演计算的一组震源机制解的两个节面全部进行枚举组合，m 个地震共有 2^m 个可能的组合，对每一组合，以断层滑动方向与断层面上剪应力方向间的偏差为约束，采用滑动方向拟合法反演求解该组合的拟合应力张量，并以反演结果的状态数作为依据，选取状态数较大的 31 种组合，对这 31 种组合给出的应力张量进行平均，以平均应力张量作为最终结果。节面试算法的基本原理和计算步骤如下：

（1）以滑动方向与剪应力方向的偏差为约束求解拟合应力张量。

设 n 为断层面单位法向矢量，u 为断层滑动方向的单位矢量，控制断层滑动的应力张量为 S（图 1），则作用于断层面单位面积上的力 f 为

$$f = S \cdot n \tag{1}$$

断层面上的剪应力 τ 为

$$\tau = f - (f \cdot n)n \tag{2}$$

对于一组震源机制解，如果每个震源机制解任选一个节面参数（节面的走向、倾角和滑动角）作为断层滑动数据，那么，$m(m \geq 4)$ 个地震震源机制解即可构成一组总数为 m 的断层滑动数据，此时，可以运用滑动拟合法的思想，对控制这组地震事件的应力张量进行反演计算。即寻找一个适当应力张量 S，使得作用于每个断层面上的剪应力 $\tau_i (i = 1,$

2, …m）与该面上的滑动方向 u_i（图1）尽可能地小。

为使 α_i 尽可能地小，一个可能的方法是使量

$$Q = \sum_{i=1}^{m} \cos\alpha_i \tag{3}$$

达极大值，然而求式（3）的极值涉及求解非线性方程组问题。为了用线性问题代替非线性问题，许忠淮等（1984）提出可以将求解断层面上的剪应力 τ_i 与该面上的滑动方向 u_i 之间达到最佳拟合的问题转化为求解量

$$Q = \sum_{i=1}^{m} f_{u_i}^2 - \sum_{i=1}^{m} f_{b_i}^2 \tag{4}$$

的极大值问题。式（4）中的和分别是 f_i 在 u_i 和 b_i 方向的分量（图1），b_i 的方向与滑动方向 u_i 垂直。

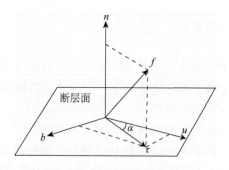

图1　断层面上应力示意图

以式（4）为目标函数，可以建立求解应力张量 S 的方程组，并求解出应力张量 S 中的三个主应力方向和一个反映主应力比值结构的应力形因子 R。具体求解的数学步骤详见许忠淮等（1984）一文。

（2）最终拟合应力张量的确定。

上述反演计算得到的拟合应力张量 S，只是对一组震源机制解中每个震源机制解任选一个节面而言的，我们知道，一条震源机制解数据给出了两个节面，也就是说，一条震源机制解数据给出了两个可能的断层面及滑动方向。对此，Ellsworth 等提出了将震源机制解的两个节面都作为地震事件可能的实际断层面进行尝试的办法（Ellsworth et al.，1980；许忠淮，1985）。也就是对一组震源机制解的两个节面进行枚举组合，m 个地震震源机制解共有 2^m 个可能的组合，对每一组合，均采用上述方法反演计算拟合应力张量 S，这样可以得到 2^m 个拟合应力张量 S。

事实上，$2m$ 个组合（或拟合应力张量 S）中只有一个对应于 m 个地震全取实际断层滑动的情况，称其为组合 G。如何找到组合 G（对应的拟合应力张量 S）就成为节面试算法中的一个关键问题。对此，许忠淮（1985）提出可以通过状态数 C 这一参量来确定组

合 G，状态数 C 是由式（4）构建的方程组计算得到的，每一组合都有对应的状态数 C，C 愈大，表示求解结果愈好。如果不考虑震源机制解参数（节面的走向、倾角和滑动角）的误差和构造应力场实际不均匀性的影响，理论上 2^m 个组合中，组合 G 的状态数 C 必为最大（许忠淮，1985）。由于误差的存在，与组合 G 对应的状态数 C 有可能不是最大的。于是许忠淮（1985）提出，在实际计算中可选取 31 个较大的状态数 C，找出对应的拟合应力张量，求取这些张量的平均张量作为最后结果。具体求解数学步骤详见许忠淮（1985）一文。

由上述基本原理和计算步骤可以看出，节面试算法具有以下特点和优点：①注重物理意义上的力学约束，从滑动方向拟合法的基本思想出发，以断层滑动方向与断层面上剪应力方向间的偏差为目标函数，反演拟合构造应力张量；②将非线性问题转化为简单的线性反演，易于实现反演计算的程序编制；③将震源机制解的两个节面同等权重对待，采用枚举组合的方法，并巧妙地引入状态数 C，解决了利用震源机制解反演构造应力张量中的一些技术难点。

2. 网格搜索法

网格搜索法是由 Gephart（1984）最早提出的，虽然其基本思想也是源于滑动方向拟合法，但具体算法思路完全不同于之前 Angelier（1979）、许忠淮（1985）等的算法思路。网格搜索法没有直接以断层滑动方向与断层面上剪应力方向间的偏差为目标函数进行反演计算，而是对应力张量全空间进行离散化，将离散化后的四个应力参数（三个主应力方向和应力形因子 R）的任何一种组合都作为一个应力模型，利用全空间网格搜索的方法，计算所有应力模型与震源机制解的符合程度，最终确定最佳应力模型。其中，应力模型与震源机制解的符合程度用最小转动角描述。对于一个给定的应力模型（应力张量），可以通过转动节面（断层面），使给定的应力模型作用在该断层面上的剪应力方向与震源机制解给出的滑动方向一致，那么，这个节面（断层面）所转动的最小转动角可以用来描述该节面（或者说是震源机制解）与给定的应力模型的符合程度，即用最小转动角作为应力模型与震源机制解的错配（misfit）。对于一组震源机制解来说，在离散化的全应力张量空间中，可以用最小转动角得到的错配为参量，利用成熟的统计学方法，构建其分布函数、期望以及方差，计算各应力模型的置信水平，并给出最优拟合应力张量。网格搜索法的具体算法流程如下：

（1）为了能够采用网格搜索法对应力张量进行全空间搜索计算，首先需要对应力张量全空间进行离散化，离散化后的每个应力张量即为一个应力模型。由于断层面上的剪应力方向只取决于应力张量的四个参量，即三个主应力方向和应力形因子，因此，每个应力模型可用四个参数（Φ、δ、Ψ 和 R）表达，Φ、δ 和 Ψ 确定了应力张量中三个应力主轴的方向，R 为应力形因子。它们的搜索范围分别为：$0° \leqslant \Phi \leqslant 360°$、$0° \leqslant \delta \leqslant 90°$、$0° \leqslant \Psi \leqslant 180°$、$0 \leqslant R \leqslant 1$。

（2）针对每个搜索的应力张量（应力模型），转动震源机制解的节面并计算其最小转动角，使应力张量作用在节面上的剪应力方向与震源机制解给出的滑动方向一致。震源机制解的两个节面可以得到两个最小转动角，取其较小者作为该应力张量与该震源机制解的错配。对于一组震源机制解，可以得到一组与某个应力张量相对应的错配，求取这些错配的绝对值之和作为某个应力张量与该组震源机制解的整体错配 Σi。

（3）依据第（1）步确定的离散化的应力张量 S_i，按照第（2）步计算方法，采用网格搜索法计算每个应力张量 S_i 与一组震源机制解的整体错配 Σ_i，找出所有 Σ_i 中的最小值，记为 Σ_{min}，并通过 Σ_{min} 构建 Σ_i 的分布函数，利用成熟的统计学方法，计算各应力张量 S_i 的置信水平。

（4）选取一定置信水平下的应力张量作为初选结果，依据岩石摩擦滑动准则，确定最优拟合应力张量。并通过置信限定量描述反演结果的不确定度（图2）。

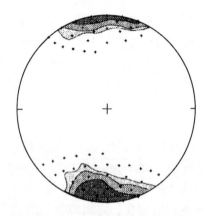

图2   网格搜索法反演结果示例（据 Gephart，1984）

由上述基本原理和计算步骤可以看出，网格搜索法具有以下特点和优点：①对震源机制解各参数的测定误差，特别是节面参数的测定误差，进行了全面考虑；②注重概率统计学约束；③对应力张量全空间进行了网格搜索，采用置信限对反演结果的不确定度给予了定量描述。

四、两种典型算法的不足之处与可能的改进方向

1. 不足之处

节面试算法和网格搜索法作为利用震源机制解数据反演构造应力张量的两种最具代表性的算法，几十年来被广泛采用，取得了大量研究成果（崔效锋等，1999；张红艳等，2007；郝平等，2012；盛书中等，2012），推动了构造应力场的深入研究。这也从侧面说明了两种算法思想的提出具有开创性。然而，为了算法理论上的简洁以及受算法提出时代的计算机技术的限制，节面试算法和网格搜索法也存在着不足之处。

（1）节面试算法的不足。

由于震源机制解数据本身存在误差，因此在实际计算中，节面试算法选取 31 个较大的状态数所对应的拟合应力张量，求取这些张量的平均张量作为最后结果（许忠淮，1985）。在实际应用中我们发现，在多数情况下选取的 31 个拟合应力张量比较接近，离散

性并不大，此时将31个拟合应力张量的平均值作为最后结果有其合理性。由于节面试算法是通过节面组合来反演拟合应力张量的，参与反演计算的震源机制解数据不同，节面组合也就不同，反演给出的31个拟合应力张量（三个主应力方向和应力形因子）会出现比较离散的情况，甚至出现多个"团簇"状分布（图3），对于这种情况，仍采用平均的办法求取最终的反演结果，显然不尽合理。由于受20世纪80年代计算机技术的限制，原节面试算法程序（许忠淮，1985）只将31个拟合应力张量作为反演结果数据文件保留了下来，仅凭这31个解往往不能反映反演结果的总体分布情况。另外，原节面试算法缺少对所得反演结果的误差的定量描述。

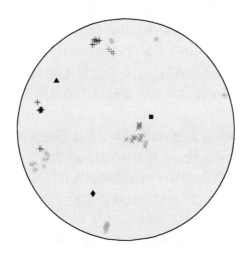

图3　节面试算法反演结果示例

浅灰色＊：最大主应力；中度灰色×：中间主应力；深灰色＋：最小主应力

实心菱形：平均解的最大主应力；实心方块：平均解的中间主应力；实心三角：平均解的最小主应力

（2）网格搜索法的不足。

对震源机制解两个节面如何处理，是利用震源机制解数据反演构造应力张量时需要解决的一个主要问题，网格搜索法选取最小转动角较小的节面作为实际断层面参与分析计算，这种处理方法是否对任何震源机制解数据都适用，值得商榷（Wyss，1992）。

由于网格搜索法计算量很大，为了降低计算量，原网格搜索法采用了一些特殊的处理技术，如在进行网格搜索时给定应力张量的搜索初始值，通过经验方法和精确方法两个步骤计算最小转动角。这些或多或少地直接影响到最终的反演结果。另外，为了降低计算量，原网格搜索法设定的搜索网格太粗，步长只有10°和5°两种，难以满足对构造应力场进行细结构研究的需求。

在绝大多数情况下，该方法得到的置信区间严重偏大，例如，往往在给定的数值实验中，68%的置信限内应力张量就近乎完全地包含了90%~95%置信限内的应力张量。在轴对称的情况下（即应力形因子$R=0$或1），该方法得到的置信限又明显太小了（Hardebeck et al.，2001）。

2. 可能的改进方向

显然，通过对两种典型算法的一些技术细节的改进，可以在更好地发挥两种典型算法特点和优点的同时，弥补其不足，提高利用震源机制解数据反演构造应力张量的可靠性和准确性。我们在此仅提出改进两种算法的一些思路。

对于网格搜索法，可以在以下两个方面进行改进：

（1）采用更为精细化的网格，对拟合应力张量进行细致搜索。可考虑把原本的搜索步长由5°和10°调整为1°～2°，同时在搜索计算过程中，尽量减少人工设定的初始值，以降低人为因素的干扰，提高反演结果的可靠性和准确性。这样会带来计算量的大幅增加，如相对原搜索网格，采用更为精细化的网格进行搜索计算时，计算量会呈数量级的增长，依据目前计算机技术的水平，将能够解决大计算量的问题。

（2）由于震源机制解的求解方法和使用数据的不同，不同的地震事件震源机制解的可靠性和误差也就不同。在搜索计算时，可以考虑根据震源机制解数据的可靠性和误差的不同，赋予不同的权重，并由此计算更合理的错配的概率密度，以提高反演结果的可靠性。

对于节面试算法，放弃原算法中只通过31个状态数较大的拟合应力张量求取最终反演结果的做法，增加反演计算步骤，实现对原算法的改进：

（1）首先，以断层面上剪应力与滑动方向间的夹角、反演方程组给出的状态数为初选参数，合理建立初选条件，对2^m个组合计算得到拟合应力张量进行初选，获取初选应力张量集。

（2）考察分析初选应力张量集的分布状况，如果初选应力张量集出现多个"团簇"

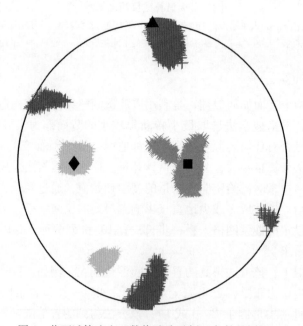

图4　节面试算法人工数值试验示例（各符号同图3）

状分布，通过聚类分析，引入断层摩擦滑动准则等，从多个"团簇"解中选取一个"团簇"解作为终选应力张量（或称优解簇），对终选应力张量进行平均，作为最终反演计算给出的拟合应力张量。

（3）考察终选应力张量（或称优解簇）的分布特征，借助概率统计的方法，对终选应力张量进行计算分析，以置信水平或误差分布的方式定量描述反演结果的可靠性。

依据上述对节面试算法的改进思路，笔者重新编制了节面试算法的主体计算模块，初步开展了人工数值试验。图4是我们人工数值试验得到的初选应力张量集的一个示例。从中可以看出，初选应力张量集能够很好地展现反演计算结果的全貌，并且，优解簇与人工数值试验设定的应力张量（即真解）有很好的对应。

本文在对利用震源机制解数据反演构造应力张量的两种典型算法的原理思路介绍的基础上，着重分析了两种典型算法的特点和优点，以及不足之处，并据此提出了对两种典型算法的改进思路，我们下一步的工作是按照本文提出的思路，对利用震源机制解数据反演构造应力张量的算法进行改进完善。

参 考 文 献

崔效锋，谢富仁．1999．利用震源机制解对中国西南及邻区进行应力分区的初步研究．地震学报，21（5）：513～522．

崔效锋，谢富仁，张红艳．2006a．川滇地区现代构造应力场分区及动力学意义．地震学报，28（5）：451～461．

崔效锋．2006b．伽师及周围地区现代构造应力场特征研究．地震学报，28（．4）：347～356．

郝平，吕晓健，田勤俭，等．2012．中国西部及邻区活动地块边界带现代构造应力场．地震学报，34（4）：439～450．

盛书中，万永革，程佳，等．2012．2011年日本9.0级大地震的应力触发作用初步研究．地震地质，34（2）325～337．

谢富仁，崔效锋，赵建涛，等．2004．中国大陆及邻区现代构造应力场分区．地球物理学报．47（4）：654～662．

谢富仁，刘光勋．1989．阿尔金断裂带中段区域新构造应力场分析．中国地震，5（3）：26～36．

谢富仁，苏刚．2001．滇西南地区现代构造应力场分析．地震学报，23（1）：17～23．

谢富仁，祝景忠，梁海庆，等．1993．中国西南地区现代构造应力场基本特征．地震学报，15（4）：407～417．

许忠淮，戈澍谟．1984．用滑动方向拟合法反演富蕴地震断裂带应力场．地震学报，6（4）：395～404．

许忠淮．1985．用滑动方向拟合法反演唐山余震区的平均应力场．地震学报，7（4）：349～361．

杨树新，陆远忠，陈连旺，等．2012a．用单元降刚法探索中国大陆强震远距离跳迁及主体活动区域转移．地球物理学报，55（1）：106～116．

杨树新，姚瑞，崔效锋，等．2012b．中国大陆与各活动地块、南北地震带实测应力特征分析．地球物理学报，55（12）：4207～4217．

张红艳，谢富仁，焦青，等．2007．首都圈地区跨断层形变观测与地壳应力场．地震地质，29（4）：706～715．

Angelier J. 1979. Determination of the mean principal direction of stresses for a given fault population. Tectonophysics，56：17～26．

Angelier J. 1984. Tectionicanalysis of fault slip data sets. J. Geophys. Res. , 89 (B7): 5835~5848.

Armijo R, Cisternas A. 1978. Un probléme inverse en microtectionique cassante. C. R. Acad. Sci. Paris. D287: 595~598.

Bott M H P. 1959. The mechanism of obilique slip faulting. Geological Magazine, 96 (2): 09~11.

Carey E, Brunier B. 1974. Analyse théorgue et numérique d'un modele mécanigue élémentaire appligué á l'étude d'une population de failles. C. R. Acad. Sci. Paris. D279: 891~894.

Carey E. 1976. Analyse numérique d'un modéle mécanique élémentaire applié á partir des stries de glissement. Thése de 3éme cycle. Tectonigue Générale. Univ, Paris-Sud, 138.

Carey E, Mercier J. 1987. A numerical method for determing the state of stress using focal mechanisms of earthquake populations: application to Tibetan teleseisms and microseismicity of Southern Peru. Earth and Planetary Science Letters, 82: 65~179.

Ellsworth WL. 1982. A general theory for determining the state of stress in the earth from fault slip measurements. Terra Cognita, 2: 170.

Ellsworth W L, Xu Zhonghuai. 1980. Determination of the stress tensor from focal mechanism data. Eos Trans AGU 61. 1: 117.

Etchecopar A, Vasseur G, Daignieres M. 1981. An inverse problem in microtectionics for the determination of stress tensors from fault striation analysis. J. Struct. Geol. , 3 (1): 51~55.

Gephart J W, Forsyth D W. 1984. An improved method for determining the regional stress tensor using earthquake focal mechanism data: application to the San Fernando earthquake sequence. J. Geophys. Res. , 89: 9305~9320.

Hardebeck, Jeanne L, Egill H. 2001. Stress orientations obtained from earthquake focal mechanisms: what are appropriate uncertainty estimates? Bulletin of the Seismological Society of America. 91 (2): 250~262.

Mercier J L, Armijo R, Tapponnier P, et al. 1987. Change from late Tertiary compression to Quaternary extension in southern Tibet during the India-Asia collision. Tectonics, 6: 275~304.

Plenefisch T, Bonjer K P. 1997. The stress field in the Rhine Graben area inferred from earthquake focal mechanisms and estimation of frictional parameters. Tectonophysics, 275: 71~97.

Wyss M, Liang B, Tanigawa W R, et al. 1992. Comparison of orientations of stress and strain tensors based on fault plane solutions in Kaoiki, Hawaii. J. Geophys. Res. , 97: 4769~4790.

Zoback M L. 1983. Structure and Cenozoic tectonism along the Wasatch fault zone, Utah. Geol. Soc. Am. Mem. , 157: 3~27.

Preliminary Investigation on the Improvement of Inversion of Tectonic Stress Tensor Using Focal Mechanism Solution Data

Zhu Minjie　　Cui Xiaofeng

(Institute of Crustal Dynamics, CEA, Beijing 100085, China)

Abstract: Based on the principles of slip-directions-fitting method, domestic and overseas scholars have developed a number of tectonic stress tensor inversion algorithms. In this paper we first give an introduction to the fundamentals of two typical inversion algorithms, and then investigate their specific features, advantages and defects respectively. Inspired by the preliminary results of some artificial numerical experiments, here we suggest two improved approaches accordingly, in order to provide some suggestions on the improvements and more proper use of these particular tectonic stress tensor inversion algorithms using focal mechanism data.

Keywords: stress tensor; inversion algorithm; focal mechanism; slip-directions-fitting method

地壳动力学能量场

安 欧[①]

（中国地震局地壳应力研究所 北京 100085）

摘 要 本文论述岩体应变能的物理机制、表示方法、测量技术、空间分布和地学作用，提出为地壳构造运动的能源和地震的驱动力。

关键词 构造能量场 物理机制 表示方法 测量技术 空间分布 地学作用

一、引 言

传统的地壳动力研究，运用的是应力观点：认为地壳岩体发生构造运动的力学成因，是由于构造应力场的作用，探讨岩体构造应力场对构造运动的控制。本文，提出能量观点：认为地壳岩体发生构造运动的力学成因，还可以是由于岩体构造能量场的作用，表述岩体能量场对构造运动的控制。在研究岩体构造变形和断裂的力学原因中，前者运用岩体"应力场理论"和"应力强度理论"，后者运用岩体"能量场理论"和"能量强度理论"。能量场同时也反映岩体储能的力学性质，这是应力场所不能的。

力与能又是相联系的。弹性力学证明，岩体内的势能等于外力作的功，是外力的二次齐次函数（钱伟常等，1956）。

本文专论后一观点，此时地壳构造运动，从力学上看，是岩体变形能的聚集和释放过程，反映岩体能量场的时空变化。

地震是地壳岩体应变能的突发式释放过程。因此研究地震从孕育到发生的动力学过程时，选用能量观点似应更加重要。

从"能"的观点出发建立一部分力学理论，能解决诸多力学理论和应用问题，结果可与从牛顿第二定律的"力"出发所能解决的问题，殊途同归。

二、构造能量场

1. 岩体应变能机制

岩体组成的最小块体是矿物颗粒。矿物多是离子晶体，当其不受外力作用时，离子间

---

① 作者简介：安欧，男，研究员，主要研究地壳动力学及其在地震预测、石油开发和岩体工程中的应用。
基金项目：中国地震局老专家科学基金（课题号 201041）资助。

距 $r = r_0$（图 1），此时离子总势能最低，离子处于平衡位置；当离子间距缩短时，$r < r_0$；离子间的斥力势能上升，因而倾向回到势能最低的平衡位置，于是离子便出现相互推压作用；当离子间距拉长时，$r > r_0$，离子间势能也上升，因而也倾向回到势能最低的平衡位置，于是离子间发生相互引拉作用。当矿物中晶面发生法向压缩时，间距缩小，相互间势能上升；当晶面法向拉张时，间距增大，相互间势能也上升。因此，晶面间法向间距的此种变化，反映了其相互间的弹性形变，而且是从零算起的绝对形变。

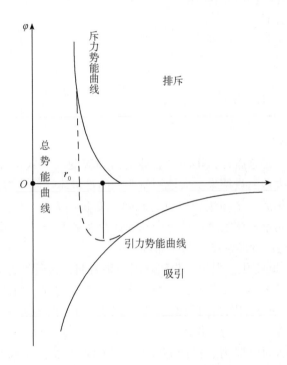

图 1　矿物晶体中离子间势能与离子间距的关系

　　由上可知，应变能发生在岩体弹性变形中，但作用可延续到塑性变形范围，而应力则除造成弹性变形外，还可发生在不恢复的塑性变形中至断裂。

2. 岩体应变能表示

　　岩体中的应变能，用单位体积的应变能密度 ε 表示。据固体力学，其有三种表示方法：

（1）应力应变表示法。

$$\varepsilon = \frac{1}{2}(\sigma_1 e_1 + \sigma_2 e_2 + \sigma_3 e_3) \tag{1}$$

式中，σ_i 是主应力；e_i 是绝对弹性主应变，$i = 1$，2，3。下文所说的应变都是指绝对弹性应变，塑性应变只消耗能量，不荷载能量，此文不涉及。

（2）应力弹性表示法。

各向同性岩体

$$\varepsilon = \frac{1}{2E}(\sigma_1^2 + \sigma_2^2 + \sigma_3^2) - 2v(\sigma_1\sigma_2 + \sigma_2\sigma_3 + \sigma_3\sigma_1) \tag{2}$$

式中，E、v 是岩体弹性模量和泊松比。

（3）应变弹性表示法。

各向同性岩体

$$\varepsilon = \frac{E}{2(1+v)(1-2v)}\big[(1-v)(e_1^2 + e_2^2 + e_3^2) + 2v(e_1e_2 + e_2e_3 + e_3e_1)\big] \tag{3}$$

3. 岩体应变能测量

测量岩体应变能有三条途径：①测量岩体应力和应变（公式1），这个应变是岩体绝对弹性应变，而不是大地测量结果。大地测量所测的是岩体弹性、塑性应变及断层错移量之和随时间的相对变化量；②测量岩体应力和弹性变参量 E、v（公式2），E、v 都是随时间变化的变量；③测量岩体绝对弹性应变和弹性变参量 E、v（公式3）。然后利用表示式（1）～（3），求得应变能密度 ε 的分布场。

岩体 E、v 随时间变化。大量实验和观测结果表明，这两种力学参量都是温度、围压、介质、时间、载荷大小、加载速率、加载次数、恢复过程、加载历史等因素的函数。地壳中，短期改变 E、v 影响因素的现象也是很多的。如①火山活动，地热流动：它们短期改变岩体的温度、围压、受力、作用时间和介质状况；②产油，抽水：使岩体孔隙压下降，改变围压，介质含量、受力、作用时间及油藏围岩温度；③水库蓄水：改变围岩围压、受力、作用时间和孔隙水量；④工程开洞：迅速改变围岩压力、受力时间和状况；⑤地震活动：特别是小地震繁多、频发，使岩体破裂、升温（安欧，2009），改变应力场和受力时间及序次；⑥断层活动、应力测量及震源机制解：都发现应力场方向在改变，大小随之变化，不断改变岩体受力序次。应力变化直接使 E、v 随之改变（安欧，1992）；⑦油井压力改变、传递及变速：这更直接说明岩体压力的变化和作用时间效应。

凡此种种短期现象，使得岩体所处环境常常改变，自然都影响到岩体 E、v 值的波动。而这些部位，也正是人们关注的地震、产油和工程地区以及地学研究的重点地区。

（1）岩体残余应变能测量。

用X射线岩体残余应变能密度测量方法，测量岩样中选测矿物石英或方解石六方晶系六角对称轴向的正应变，求得主应变 e_1、e_2、e_3，将这三个绝对弹性主应变及相应方位的弹性参量 E、v，代入式（3）得残余应变能密度 ε。测量所用X射线法步骤，参见文献（安欧，1984；2001）。

（2）岩体现代应变能测量。

在现场用X射线法测量岩体现今绝对弹性主应变 e_1、e_2、e_3 及相应方位的弹性参量

E、υ，代入式（3），求得现今应变能密度 ε。测量现今绝对弹性主应变及 E、υ 所用 X 射线法，参见文献（安欧，1984；2001）。

求得岩体中一点的残余应变能密度与现代应变能密度后，将二者叠加起来得总应变能密度，及至扩展为场。

4. 岩体应变能分布

（1）岩体残余应变能分布。

岩体应变能密度是标量，其水平分布场按等值线分布（图2）（安欧，2001）。图2表明，龙门山测区地表岩体宏观残余应变能密度为 $(15.1 \sim 21.7) \times 10^3 \text{J/m}^3$，其水平高值区依次为塔玛—平武中间区、沙章—汶川中间区、青川、北川、邓生地区，与区内大震区吻合，控制了大震空间分布。

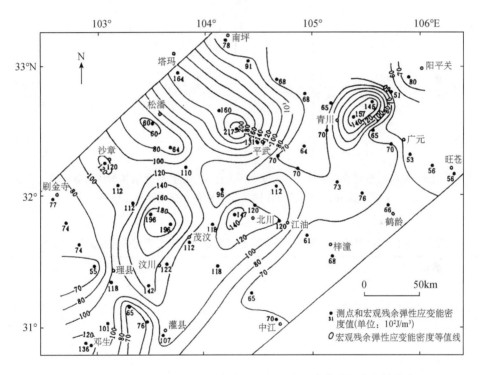

图 2　龙门山断裂带测区用 X 射线法测得的宏观残余弹性应变能密度
水平分布等值线图（安欧，2001）

龙门山测区宏观残余应变能密度铅直分布，如图3（安欧等，1996）。在测区内划出三个小区：灌县—成都—邛崃为1区、安县—绵竹—德阳为2区、广元—江油—梓潼为3区。在每一个小区内，由多孔组成一个钻孔系列：1区有5个钻孔，2区有8个钻孔，3区有8个钻孔。把各钻孔系列中各深度的岩芯作为不同深度的测点，用 X 射线法测得了宏观残余应变能密度随深度的分布，从地表向下增大，其铅直分布梯度 b 列于表1（安欧等，1996）。

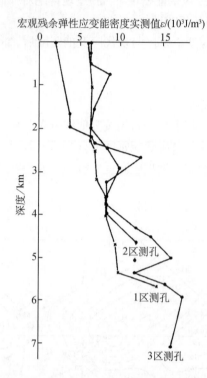

图3 龙门山断裂带测区内三个测量小区各自组合钻孔系列用 X 射线法测得的
宏观残余弹性应变能密度随深度的分布（据安欧等，1996）

表1 龙门山断裂带测区中各测量小区宏观残余弹性应变能密度的铅直分布梯度

测区编号	组合孔深/m	$b/$（J/m^4）
1	5643	1.6
2	5061	1.4
3	7058	2.4
综合平均		1.8

一个 8 级地震释放的地震波能量为 6.3×10^{16} J。由此可知，单就龙门山断裂带岩体中现今所储存的宏观残余应变能量，便足以供多个 8 级大地震释放之用。

（2）岩体近代应变能分布。

红河断裂带形成较早，总体走向约为 NW35°，最近一场强烈活动发生在晚第三纪—全新世，此次活动的特点：①断裂带发生右旋压扭性错动；②活动强度从北西向南东减弱。为此，取东经 94.95°～107.905°，北纬 18.65°～31.31°范围内的地块，北部边界受 NE23°方向的 5MPa 均匀压缩载荷，东、西边界受 SE 和 NW65°方向的 2.9MPa 均匀压缩载荷，南部边界全约束，取表 2 中区内测得的岩体弹性参量，用有限单元法算得了红河断裂带测区最近这场强烈构造活动的应变能密度场（图4）呈等值线分布（安欧等，1992），其值沿红河断裂带较高，大小依次为松平—南涧区段、开远一个旧、普洱、姚安地区，总体呈北西段高南东段低，与本场强烈构造运动的强度分布趋势基本一致。

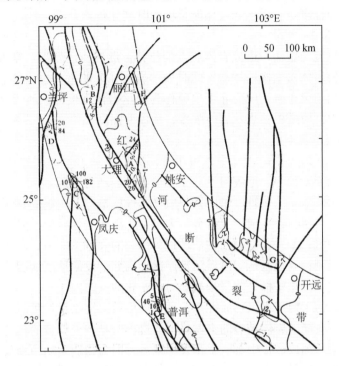

图4　有限单元法算得的红河断裂带最近一场强烈活动构造应力场的应变能密度等值线分布图
应变能密度等值线的标数0为8.5×10^3（J/m³），n为$n \times 8.5 \times 10^4$（J/m³）（据安欧等，1993）

表2　滇西岩石力学参量（据安欧，2001）

采样部位	弹性模量/MPa	泊松比	容重/（g/cm³）
红河和小江断裂带内	2600	0.20	2.2
其它断裂带内	4000	0.21	2.1
断裂带外	80000	0.25	2.8

5. 岩体应变能作用

岩体中的能量场是岩体构造运动的一种动力能源，其在不同应用领域都发挥作用。

（1）供给岩体运动能量。

从式（1）～（3）知，地壳岩体中荷载应变能的力学量，有应力、应变和弹性参量E、v。说明：岩体中应力高，能量不一定也高，还要看岩体弹性；应变高，能量也不一定高，也还要看岩体弹性。只有当岩体弹性均匀分布时，应变能的差别才可用应力表示，也可用应变表示。而当岩体应力或绝对弹性应变均匀分布时，应变能的差别则可由岩体弹性表示，故弹性模量E又称为广义强度。

　　岩体弹性一般不均匀分布，由于弹性模量和泊松比不仅与岩体成分和结构有关，还随所处的温度、围压、介质、受力大小、方式、速率、方向和时间等环境因素的改变而变化，是变量。因而，从式（1）～（3）知，须同时进行应力、应变测量，或应力、弹性测量，或应变、弹性测量，以求取岩体能量场的时空分布。

　　（2）造成岩体构造运动。

　　岩体由于机械能的做功，造成岩体质点的位移，形成构造变形、断裂、移动和转动。说明，应变能可使岩体发生构造运动，此时表示岩体强度的指标也是能量，为能量强度。只有在岩体弹性均匀分布时，应力才可单独作为表示岩体强度的一种参量，为应力强度；此时也可用绝对弹性应变单独表示岩体强度，为应变强度。

　　（3）驱动地震孕育形成。

　　岩体能量场，在地壳构造运动中，可用于研究地震动力学，诸如地震成因、震源力学、地震前兆、三要素预测、地震时空分布和追索地震动力来源。

　　地震前兆是预测地震的关键，是区别一般经常性构造运动引起的观测异常与大震前出现的必震标志的根本所在，从成因上可分三大类：①震源岩体破裂前发出的力学信息。对此可用少数台站测定；②发震断裂前期活动过程引起的大范围应力、应变场时空变化。对此需用预报台网观测；③地区地震断层活动序次和周期引发的地区地震活动统计规律。对此需用地震台网记录。这些都是能量场震前时空变化的反映。

　　岩体能量场，为大地震提供释放能量，也为震后救灾提供重点危险区划。

　　地震是岩体应变能随岩体破裂的突发式释放过程，是一种特殊的构造运动现象，说明在岩体应变能聚集和释放过程中不一定都发生地震，因为构造运动中释放能量还可通过塑性变形、断层柔滑、大量微震、大区地裂、岩体移动和转动等消耗应变能的过程来进行，这时发生的各种地球物理场异常自然并非都与地震相关。只有当岩体应变能随岩体脆性破裂而突然大量释放前的地球物理场异常，才是地震前兆。应力高的地区，应变能不一定也高，因而不一定就是发震危险区，发生地震的震级也不一定最大，高震级需要的是高能量。地震震级

$$M_S = 0.67 \lg E - 7.87 \tag{4}$$

式中，E 是地震波能量。释放能量，取决于震源应力大小、岩体弹性模量和震源破裂面积。

　　由上可见，从能量观点考虑，只有在假定地壳岩体弹性均匀分布的情况下，从图5和图6知此时弹性模量与抗断强度成正比，因而抗断强度也均匀分布时，研究地震动力学才只有两条途径：一是研究岩体应力场；一是研究岩体应变场。但在一般岩体弹性不均匀分布时，只测应力场或只测绝对弹性应变场，在理论上都是不全面的，而必须同时既测应力场又测绝对弹性应变场，或测应力场与弹性场，或测绝对弹性应变场与弹性场，来求取能量场的时空变化。这是用地壳动力学的能量观点预测地震的理论基础。可见，在一般岩性不均匀分布情况下，从动力学上单独用应力场或应变场观测来预报地震而常出现虚报、漏报、错报的原因固然有多种，但从能量观点看来，理论上的不全面应该是最根本原因。

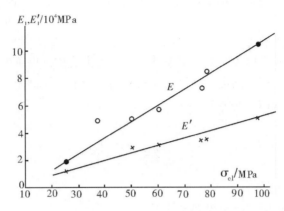

图5 石英岩、石灰岩、片麻岩、闪长岩、大理岩、砂岩单轴压缩下的综合弹性模量
和综合变形模量与综合极限强度的关系（据安欧，2012）

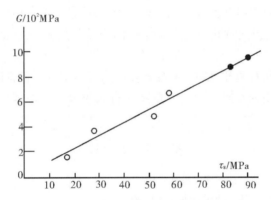

图6 石灰岩、玄武石、花岗岩、片麻岩、闪长岩、砂岩
综合剪切弹性模量与综合抗剪强度的关系

（4）提供工区力学条件。

如同应力场一样，能量场的时空分布，为工区场地的工程建筑选址和设计提供必须的结构边界条件或围岩边界条件；为工程建筑提供围岩储能和释能的安全系数（安欧，2012）。

岩块在同向同性残余和现今叠加应力作用下的力学性质，为综合力学性质。岩体弹性模量为广义强度，抗断强度为狭义强度，二者有如图5和图6所示的线性关系。使用时，要用残余和现代叠加应力场中的综合广义强度和综合狭义强度，此即岩体在地壳残余和现代叠加应力场中的强度值。应力场用叠加应力场，应变场便是岩体在叠加应力场中的残余和现代绝对弹性应变的叠加场。

物理理论，从形成上分有三种：①从基本粒子理论导出的理论；②以实验为依据建立的理论；③由现象观测统计得出的理论。第一种有普适性，后两种都有产生条件的局限性，只有当其结果与第一种一致时，才算完成理论上的统一。如虎克实验的条件：①完成在极短的瞬时；②在常温常压的标准状态；③用的是均质材料。岩体的应力强度理论、应变强度理论、能量强度理论，都是以实验为依据建立起来的，三种理论相互之间有一定联系。

（5）提供矿产勘查依据。

岩体能量场，是矿产形成所需力学条件，为之提供成矿过程所需能量、围压和构造空间，为石油的生成、运移、储集、勘探、开采和钻井稳定，提供能量、压力和岩体结构动力空间等形体资料（安欧，2009）。

三、结　　论

综合前述，对岩体能量场提出如下认识：

（1）以应变能场为地壳岩体运动原因来研究构造运动，在理论上要更加全面，能解决单从应力场来研究所难以解决的一些难题。

（2）以能量场为地震活动的驱动力，则在地震预测力学台网中，台站应同时既测应力又测绝对弹性应变，或同时既测应力又测岩体弹性参量 E、v，而只测应力一种力学量在理论上是不全面的。

（3）在岩体工程和石油开发中，需要运用应力场的部分，皆宜改用能量场。

（4）应力场有大小和方向分布，能量场只有大小分布，但理论上较为全面，应用时可各取其长。

参　考　文　献

安欧，1992，构造应力场．北京：地震出版社，19~61；112~199.

安欧，2001. X 射线地力学．北京：地震出版社．158~193.

安欧．1984. 绝对弹性地形变的 X 射线测量与地震．西北地震学报，6（4）：20~30.

安欧．2012. 工程岩体力学基本问题．北京：地震出版社，58~107

安欧．石油动力学．北京：地震出版社，P1~82

钱伟常，葉开沅．1956. 弹性力学，北京：科学出版社，117~118.

An Ou. Gao Guobao. 1996. Distribution of paleotectonic residual stress with depth and residual energy in Long-menshan fault zone. Seismology and Geology：18（Supple）49~55

Geocrustal Dynamics Energy Field

An Ou

(Institute of Crustal Dynamics, CEA, Beijing 100085, China)

Abstract: This treatise discusses the physical mechanism, representation method, measuring technique, space distribution and geonomy action of rock mass strain energy, put forward the energy source of geocrustal and tectonic movement and driving force of earthquake.

Keywords: crust; dynamics; strain energy; tectonic movement; earthquake

地壳力学基本方程问题

安　欧[①]

（中国地震局地壳应力研究所　北京　100085）

摘　要　传统地壳力学所用基本方程，对地壳岩体构造运动研究有不确定性和失实性，须做改进和重建。

关键词　地壳力学　基本方程　改进重建

一、引　言

国内外地壳力学研究中使用的基本方程，多是从固体力学直接引用过来的，有平衡方程、物性方程、连续方程和几何方程等，它们都有明确的适用简化条件和一定的应用范围。使用时应满足这些简化约束条件的要求，超出此范围则不成立。然而地壳的实际情况，对这些简化约束要求常常是不能完全满足。

地壳力学是天然构造体力学，研究中的问题常常不是出在对基本方程使用条件简化后的计算方法上，而是在于简化条件本身是否偏离了地壳实际。因而，必须随时检验学科前进中的倾向与地壳实际是否相近，并估计研究路线正确到什么程度，以便预测结果的可靠性，避免失真，造成认识混乱。所以有必要按地壳实际情况，首先审视所用基本方程的可用性，对之不断做些修改和重建。这是学科的基础工作，牵涉面波及构造力学、矿山力学、油田力学、岩体力学、地震力学等应用领域。这也是在实际应用中，随认识的深入、实际的需要、学科的发展，而对所用基础理论不断加以丰富和完善的必然过程。力学本身就是在牛顿三定律发表而建树成经典力学后，又发现达朗贝尔原理、拉格朗日分析力学、拉普拉斯天体力学、哈密顿—雅可俾理论及高斯最小约束原理等陆续建立起来的。

二、平衡方程

岩体作为变形体，在平衡力系或非平衡力系作用下，都发生变形。岩体中单位微体素在保守力场中的静力学、动力学方程内应力、位移都是坐标、时间的函数。于是，有两种基本力学状态的力学方程：

---

① 作者简介：安欧，研究员，主要研究地壳动力学及其在地震预测、石油开发和岩体工程中的应用。
　　课程资助：中国地震局老专家科学基金（课题号 201041）资助。

无加速度的静力学状态平衡方程

$$
\left.
\begin{array}{l}
\dfrac{\partial \sigma_x}{\partial x} + \dfrac{\partial \tau_{yx}}{\partial y} + \dfrac{\partial \tau_{zx}}{\partial z} + f_x = 0 \\[3mm]
\dfrac{\partial \tau_{xy}}{\partial x} + \dfrac{\partial \sigma_y}{\partial y} + \dfrac{\partial \tau_{zy}}{\partial z} + f_y = 0 \\[3mm]
\dfrac{\partial \tau_{xz}}{\partial x} + \dfrac{\partial \tau_{yz}}{\partial y} + \dfrac{\partial \sigma_z}{\partial z} + f_z = 0
\end{array}
\right\}
$$

有加速度的动力学状态动力方程

$$
\left.
\begin{array}{l}
\dfrac{\partial \sigma_x}{\partial x} + \dfrac{\partial \tau_{yx}}{\partial y} + \dfrac{\partial \tau_{xx}}{\partial z} + f_x = \rho \dfrac{\partial^2 u}{\partial t^2} \\[3mm]
\dfrac{\partial \tau_{xy}}{\partial x} + \dfrac{\partial \sigma_y}{\partial y} + \dfrac{\partial \tau_{xy}}{\partial z} + f_y = \rho \dfrac{\partial^2 v}{\partial t^2} \\[3mm]
\dfrac{\partial \tau_{xz}}{\partial x} + \dfrac{\partial \tau_{yz}}{\partial y} + \dfrac{\partial \sigma_z}{\partial z} + f_z = \rho \dfrac{\partial^2 w}{\partial t^2}
\end{array}
\right\}
$$

式中，f_x、f_y、f_z 为单位微体素的体积力坐标分量，ρ 为岩体密度，u、v、w 为单位微体素质心位移坐标分量。

传统地壳力学中所用的力学方程是平衡方程，用来表达地块中点的静力学应力状态，广泛用于研究地壳岩体构造运动的力学成因，其基础是牛顿经典力学。

如此，便出现两个需要审视的根本性问题：其一，是对牛顿经典力学用于地球力学研究中存在的近似性的估计；其二，是对地壳构造运动中作为常态出现的非平衡态发生的动力过程在力学作用上的强势重要性的认识。

为此，便自然提出了如下两个重要问题：

1. 经典力学适用范围的限定

1）牛顿运动定律是惯性系定律

地壳力学运用的是牛顿经典力学。牛顿运动定律表示：物体的自由状态是静止或等速直线运动，以保持其惯性，其时不受动力作用也无运动阻力；物体受力，则得与力同向正比于力的加速度，而改变原有运动状态，比例系数是物体的惯性质量，所受之力是改变运动状态的原因，由之得出的一系列推论都是动力学的基本定理；物体主动作用于他物体，他物体给其一等值反向的反作用——惯性力，以倾向保持原有状态的惯性，主动作用所引起的被动作用与之同时发生，前者是因后者是果。这些都表明，牛顿运动定律只在惯性系中成立。因为：

（1）牛顿第一定律所指的运动是"相对绝对空间的绝对运动"，绝对空间是指"与外界无关，永远同一，固定不动"的空间，这是牛顿第一定律成立的系统，称为惯性系。由于第一定律是第二定律在受力为零因而加速度为零时的特殊情况，故第二定律也是在惯性系中成立。第三定律所指反作用，是维持原运动状态的惯性作用。因之，牛顿运动定律是惯性系定律，对非惯性系此定律则不正确。

（2）牛顿第一定律表示静止与等速直线运动有相同性质，质点对作等速直线运动坐标系的运动与对静止坐标系的运动一样，因而对惯性系作等速直线运动的系统也是惯性系，其运动也是惯性运动，二惯性系只有速度差，加速度相同。而对惯性系作加速运动的系统为非惯性系，牛顿运动定律在其中不成立。

（3）牛顿运动定律设定的惯性系至今没有找到。地球绕日公转为变速曲线运动，对太阳系质心坐标系为非惯性系。与地球连在一起随地球转动的坐标系亦非惯性系。

2）太阳系是近似惯性系

太阳系本身也只是个近似惯性系，还并非惯性系。原因如下：

（1）太阳质量，仅是行星中最大的木星的1047倍，只是各行星总质量的740倍。二物体在引力作用下相对运动时，若其一质量比另一个大得多，可近似作描述另一个运动的坐标系。前者比后者愈大，才愈近似为惯性坐标系。

（2）地球公转轨道半径为149.7×10^6km，只是太阳直径1.391×10^6km的108倍，而只有日地大小与间距相比甚小时，才可视之为质点，太阳系也才是惯性系，牛顿万有引力定律才正确。

（3）太阳系的质心以约18km/s的速度向武仙座中一点作等速直线运动，然而天文观测表明，宇宙间的星体没有绝对静止的。可见，武仙座在宇宙中也非绝对空间绝对坐标系，因而不足以据此判定太阳系是惯性系。而且行星绕日运动轨道是平面椭圆形，因而它们的空间运动轨道，便都各自成为以太阳系质心向武仙座中一点移动的直线轨道为轴线的椭圆螺旋曲线，而并非是等速直线运动。因而把太阳看作是各行星绕日运动的作直线运动的有心力场中心，是不准确的。太阳系只能是近似惯性系。

3）开普勒定律是近似定律

行星绕日运动，遵从开普勒定律。此定律表明：行星呈质点沿以太阳为焦点的平面椭圆轨道运动；太阳到行星向径扫过的面积速度相等；行星绕日运动周期平方与距日平均距离立方成正比。此定律是近似定律，因为：

（1）行星绕日运动是以太阳系为坐标系，太阳系是近似惯性系。

（2）万有引力是行星绕日运动的动力。由于太阳质量比行星质量大得多，使太阳与行星间引力比各行星间引力大得多，因而便孤立地视行星绕日运动近似为在太阳引力场中的二体运动，于是开普勒第一定律便认定行星沿以太阳为焦点的平面椭圆轨道运动，而其他同时几乎与其共面同向公转的各行星对其的引力则被算作摄动（M. H. Be 大会 Нтчедъ，1962），这是一种近似。

（3）自然界物体的运动都有阻力和摩擦力来消耗能量，因而引力场只是近似保守场，当运动阻力和摩擦力足够大时则为耗散场。行星是在太阳引力场中作有心力运动的，可见这种运动大背景也并非严格保守场。

（4）开普勒第二定律中的"距日平均距离"实际上应是行星椭圆轨道长半径（周培源，1952）。取M为太阳质量，质量m_1、m_2二行星绕日椭圆轨道长半径为R_1、R_2，则二体问题运算得二行星绕日运动周期T_1、T_2有关系

$$\frac{T_1^2}{T_2^2} = \left(\frac{M + m_2}{M + m_1}\right)\frac{R_1^3}{R_2^3}$$

当时并没发现 $(M + m_2) / (M + m_1)$ 与 1 是有差别的，并把 R_1、R_2 取为行星距日平均距离。

4）万有引力定律是近似定律

行星绕日运动的动力是万有引力，地心质量对地球上的物体也有万有引力。但这个定律是近似的，因为

（1）万有引力定律是从开普勒定律导出的，开普勒定律是近似定律，因而万有引力定律也不失其近似性。

（2）在地球上，万有引力定律要求地块质量比地球质量甚小而且地块大小比地心到研究地块距离也甚小，才充分满足。实际地球质量并非全集中于地心，虽然已证明可把质量均匀圆球的球心视为其质心，但①地球并非圆球而是三轴椭球；②地表地形高差很大且并不平整；③地球质量分布并不均匀。因而把地球质量全集中于地心成一质点的设定以及取地心至地块的距离作为有引力二质点间距的作法，都使得此定律只能近似正确。

上述，都是牛顿经典力学的理论基础。地球，是太阳系的行星而处于太阳系这个近似惯性系中，受制于近似的开普勒定律，由近似的万有引力作公转动力，对太阳系质心作变速曲线运动，使得这个对近似惯性系作变速运动的系统成为非惯性系。因而，将牛顿惯性系定律用于地球这个非惯性系，取地球作坐标系，结果应有不确定性或不正确性。这就是把牛顿经典力学用于地壳力学研究中出现的相对性。由于可信度的降低，运用中对之不断以实用效果来验证，就十分重要。这便成为唯一的检验标准了。

5）选用牛顿经典力学的途径

牛顿 1681 年在《自然哲学的数学原理》一书中发表了运动三定律后，已被人们运用了三百多年，对物理学、天文学、工程学和计算学的发展起了巨大的推动作用。

（1）对不同坐标系，同一物体的静动状态可以不同，因为坐标系也在作各种运动。由于等速直线运动与静止有相同性质，则物体对作等速直线运动的坐标系的运动与对静止坐标系的运动一样。因而，对惯性系作等速直线运动的系统也是惯性系，这使得一切惯性系都相同。故同一物体对不同惯性系，仅有速度差，加速度相同。于是，物体在静止坐标系中的加速度，在各惯性系中同样发生。因而，如能找到一近似惯性系，则因为对近似惯性系作等速直线运动的系统的运动亦为近似惯性运动，于是牛顿运动定律便可近似用于其中。

（2）研究在非惯性系中使用牛顿经典力学须作的改正和补充或在使用中逐步逼近客观实际，循之改进后可使结果较好地适用于地壳力学的状况。

（3）牛顿经典力学对微观物体的运动不正确，不适用于讨论地壳应力场的物理本质和物理分类、岩体应变能和应力传播机制等微观物理问题。如，不能假定岩体中构造应力可传递至无限远，因为构造应力传递的距离与岩体变形、断裂、移动和转动作功消耗、岩块间和岩块内摩擦转变成热能的散失等微观机制有关，而是有限的；也不能用经典力学来解释岩块泊松效应的物理机制，而且这种与加载方向垂直的横向运动也与牛顿第二定律矛

盾。同样也不能用经典力学研究岩块残余应力、热应力、湿应力的物理机制问题。

（4）经典力学体系，如能经过必要的改进或选好近似惯性坐标系，可用于近似表达地球上宏观物体速度比光速小得多的运动。

为在小范围内应用牛顿定律，取相对大得多的大质量体作"近似惯性系"，在其中应用牛顿定律可能得出近似结果，其近拟程度视所取"近似惯性系"的合理性而定。这就是国内外一些学者把地球公转和自转作为地壳构造运动动力与标志的原因之一。但所取坐标系不能随地球一起转动，否则牛顿定律在其中根本不成立。

2. 地壳力学动力常态的重要

地壳力学，包括地壳运动学和地壳动力学两部分。前者研究地壳构造运动的形象及地壳与地幔的相对运动；后者研究构造运动的动力成因及地壳与地幔的动力关系，地壳静力学可归属其中而为其初步或加速度为零时的特例。学科的称谓已有多种，如地质力学、地球力学、构造物理、物理地学等。学术观点上，有的强调水平运动，如漂移说、体系说、板块说；有的强调铅直运动，如槽台说；有的重在力学形象，如褶皱、断块、板块；有的重在岩体变形性质，如变形—硬化—活化；有的重视组合构造，如构造体系、断块体系；有的重视单体构造；有的分析构造运动往返抵消重叠的历史过程，有的研究遗留至今的历史剩余综合结果，等等。各大地构造学派，都各自在不同的研究侧重面，积累了丰富资料，取得了重要认识，为高层次的综合奠定了基础，对地学发展作出了重大贡献。传统地壳力学的一个共同特点，是在力学方程上，都以固体力学的平衡方程为基础，借用了静力学分析方法。

地壳运动中，平衡态是静力学状态，是加速度为零的状态，非平衡态或远离平衡态是动力学状态，是遵从牛顿第二定律的有加速度的状态。平衡是暂时的特殊状态，非平衡是经常的普遍状态。平衡状态只出现舒缓的构造运动，动力状态才是构造动力过程，从速形成构造。因之，从平衡态研究发展到远离平衡态，是地壳力学研究从初期步入高层次的飞跃，是两个必然的历史阶段：在力学状态上，是从静力学步入动力学；在表述时段上，是从暂态步入常态；在状态作用上，是从造成舒缓构造运动步入主要形成构造、孕育高发大震、成矿生油成煤、易发工程事故的激烈构造运动过程。可见，平衡态属静力学范畴，是短时状态，是舒缓构造运动阶段；远离平衡态，才是动力学范畴，是构造运动常态，是构造动力阶段，其作用有二：一是构造形迹的主要形成过程；二是构造形象的激烈活动过程，因而是构造力学研究的主要阶段，可归纳为"动力构造学"，以别于前期研究的静力构造学，基本力学方程则须由平衡方程转用动力方程，并据此建立相应的一系列地壳动力学基础理论。

地球公转，是在太阳引力场中，运动的动力是日地万有引力。地球自转，是在其形成时由小天体的相互引力和运动惯性缩聚而成。这种状态，是在地球形成时就构成了的，并一直延续了下来。地球变速公转和自转产生的各种质量力，是地壳运动的主要动力来源。地壳中的地块，随地球自转产生的惯性离心力南北向水平分力、自转变速产生的东西向水平力、自转惯性离心力与地球万有引力合成的重力，造成地壳的水平和铅直构造运动。这两类质量力，便是地壳运动的力学方程中的主要主动力。

地球作为一个天体，其公转自转轨道及转速的改变、卫星轨道及引力的变化、地内物质多方式的运移，均在不断改变地壳运动的力源，引起构造应力场和构造能量场的变化，使场的强度、方向、分布均随之而变。主动作用力的改变，同时也引起被动力、惯性力的变化，其大小和方向主要取决于主动力的变化。

地壳运动中，岩体内的应力松弛、构造运动造成的应力和能量的消耗、变形和断裂引起的内摩擦使机械力和机械能大部分转变成热能而散失，使作为构造应力存留在岩体内的部分只约占15%（安欧，2011）。这些原因都使得应力场和能量场随时间推移而减弱。力场和能量场与岩体是相互作用的，岩体的变形、断裂、移动和转动，也必然不断在构造运动过程中改变应力场和能量场的分布。

固体力学证明，岩体任何有限部分，都满足动量守恒定律。应力状态受动量守恒定律制约。因此，岩体运动中的应力状态，是随时间而变的。

地壳应力场和能量场在力源上和在作用过程中的变化，使其强度和分布均随时间的延续不断转变，而使场中各点的强弱成为坐标的函数，同时也是时间的函数。这种不断的动态变化，使得地壳应力场和能量场成为不稳定场，并使得构造运动经常处于受力作用的动力状态，而不是经常处在静力平衡态。人们就是想利用其这种特点，来进行地震预测和岩体工程区域稳定性预测。

工作中，研究系统无论如何选取，系统的状态都在随时间不断变化，既有确定影响因素，又有随机影响因素。因此，以前的状态，一般很难包括未来的全部信息。于是，用先前状态和事件的概率来估计后继状态和事件的概率，常会失误。宇宙间在某一时段的同步现象非常之多，如果两个毫无物理机制联系的现象在某时段相关，便用其一去外延，以推求另一现象的出现，自然常不确定。即使以前所得相关系数较高，也并不证明以后还高。利用状态在过去的少数几个活动周期，顺时间轴去外延，以推求未来，是有冒险性的。这是岩体运动过程中时间序列上的局限性。它要求对未来的确定影响因素进行预测，但未来的随机影响因素却难以获得。这常需要有关基础学科领域研究成果的帮助，用物理机制研究来指导纯统计学预测。

上述说明，地壳运动过程中出现的常态是主要形成构造的动力状态。这是更经常出现、能表明运动主要成因、因而也更有实用价值的研究领域。这是地壳构造运动的高能状态，因而是成矿生油成煤、大震活动高发的状态。如，中国西南部，晚第三纪的应力场残留至今的残余场，高于现代应力场（安欧，2011），说明此区现代正处于地壳运动高能状态能量大量释放后的构造运动强度缓降阶段，也是逐渐走向区域性调整阶段。此时的调整活动有一定杂乱性，如同在局部地块中发生较大地震前小震向发震断裂集中而平时则杂乱分布一样。对这个阶段活动的统计结果，由于杂乱而应该是不典型的，有局部偶然性，不宜向他区任意去外推。这也是一种状态上的局限性。

用平衡的静力学暂态理论去研究非平衡的动力学常态发生的激烈构造运动以至大地震，其预测结果自然不会全部准确。这是由于理论上的局限性造成的。

进入地壳运动动力学领域作系统研究，首要的是建立岩体动态力学理论，开展动力构造学研究。这是地壳动力学的一个重要组成部分。

如此，地壳动力学，则应包括动力构造学、构造应力场（安欧，1992）和构造能量场（安欧，2013），以及它们的有关从属部分，如动力来源、主要应用、问题展望。

三、物性方程

地壳力学中的物性方程，如弹性方程、弹塑性方程、蠕变方程，探讨的是岩体力学性质在构造运动中的作用，反映岩体中应力与应变的关系，表示时间在其中的影响。方程中联系应力与应变关系的是岩体力学参量，如弹性模量、变形模量、蠕变模量、泊松比等，其他有关参量可用这几个基本参量以不同算学形式来表示。

对此，需要引起重视的有两个重要问题：

1. 岩体力学参量并非恒量

岩体物性方程中联系应力与应变关系的力学参量，传统观点是取作恒量。基于这种认识，才建立起当今所用的传统物性方程。这是解题都要用的一种基本方程，因之其严格性直接影响到使用结果的可信度。

实验和观测均证明，岩石的力学参量是与温度、围压、介质、时间、载荷大小、加载速率、加载次数、恢复过程、加载历史等有关的变量，是这些因素的函数（图 1 ~ 图 8），而非恒量（安欧，1992）。这使得传统的岩体恒参量物性方程在地壳力学中严重失真。

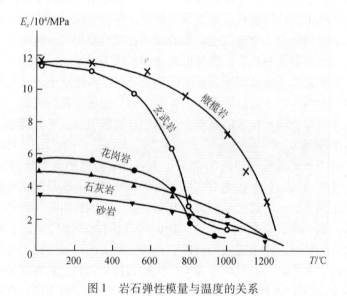

图 1　岩石弹性模量与温度的关系

2. 构造运动主要是塑性变形

岩体塑性形变是构造运动中的主体部分，应力消除后也不恢复，遗留下来为人们所见。如，阿尔卑斯式大片层状倒伏褶皱和盘桓褶皱及背斜核部复杂褶曲、背斜山坡上岩层倒转曲褶成多层弯卷状，这些都是地壳构造运动中极为广泛的现象。

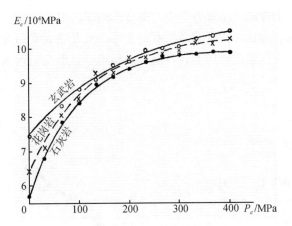

图 2　岩石弹性模量随围压的变化

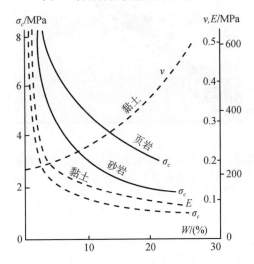

图 3　岩石弹性模量、抗压强度和泊松比随吸水率的变化

（据周瑞光，1983）

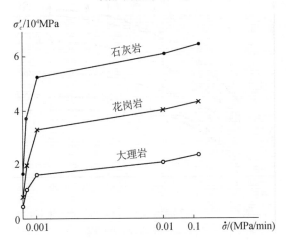

图 4　岩石变形模量与加载速率的关系

常温常围压下，也有扁状小砾石发生弯曲变形而不断裂、冰床下硬石英岩块钉入坚硬砂岩中而不在边缘引起裂纹、古老建筑物石材变形，如北京天安门旁石柱和十三陵石门上梁的显著弯曲，都是在常温常围压下岩石蠕变的结果。其形变量远远大于弹性形变，而不恢复。

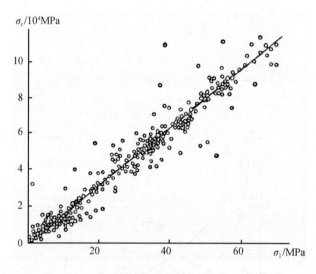

图5　多种岩石压缩弹性模量与压应力大小的关系

（国内外多人测量结果，1992）

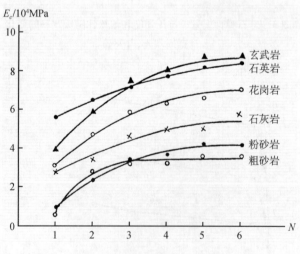

图6　岩石在30MPa单轴压应力下弹性模量

随加载次数（N）的变化

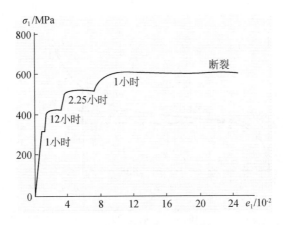

图7　石灰岩压缩过程中分阶段延长时间对应力-应变曲线的影响
（D. T. Griggs，1936）

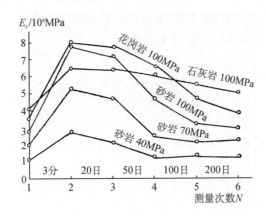

图8　第一次加载后岩块压缩弹性模量的增大和恢复过程

图9为一全面的岩石蠕变曲线（安欧，1992）。岩石受载瞬间，发生的应变是弹性应变 e_e 与塑性应变 e_p 之和，表示为 $e_{ep} = e_e + e_p$，有的岩石此时以 e_e 为主，而有的岩石则以 e_p 为主。此时间内岩石的应力-应变关系曲线，一般是非线性的，线弹性是其中的极限状态。随时间延长，进入蠕变第一阶段，出现蠕变塑性应变 e_I，第二阶段出现蠕变塑性应变 e_{II}，第三阶段出现蠕变塑性应变 e_{III}，$e_I + e_{II} + e_{III} = e_{I-III}$ 称为蠕变应变，是由于时间因素引起的，最后断裂。总蠕变应变

$$e_t = e_{ep} + e_{I-III}$$

蠕变过程中如发生断裂，则应力下降并使弹性应变 e_e 也下降，但塑性应变则全部保留。

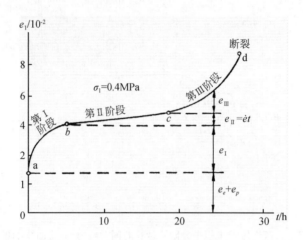

图 9　石英绢云母片岩在 1000℃下平行片理的拉伸蠕变曲线

在岩石受载瞬间（或短时）发生的塑性应变与弹性应变之间有 e_p - e_e 关系曲线（图 10）。从岩石瞬时加载应力-应变曲线可得 e_{ep}，从岩石瞬时卸载应力-应变曲线可得 e_e，则可求得岩石瞬时受载塑性应变与弹性应变之比

$$\frac{e_p}{e_e} = \frac{e_{ep} - e_e}{e_e} = \frac{e_{ep}}{e_e} - 1$$

也可能从测量岩体弹性模量 E 和变形模量 E'，求得岩体的瞬时受载塑性应变与弹性应变之比

$$\frac{e_p}{e_e} = \frac{e_{ep} - e_e}{e_e} = \frac{e_{ep}}{e_e} - 1 = \frac{E}{E'} - 1$$

据多种岩体测量统计（安欧，1992），得

$$\frac{e_p}{e_e} = 0.1 \sim 5$$

岩体压缩蠕变只有粗略的实验和观测统计得到的物性关系式

$$\sigma = f(E', t, e_{ep}, e_{\text{I-III}})$$

如

$$\sigma = E'e_{ep} + a\frac{\dot{e}^c}{t^b}$$

式中 a，b，c 为系数，或

$$\sigma = \alpha(e_{ep} + e_{I-II}) + \beta\lg t + \gamma t$$

式中 α，β，γ 为系数。物性关系式的系数中，含有岩体力学性质因素。

上述说明，岩体构造运动主要是塑性变形，而此种塑性应变又主要来之于时间因素的影响，因此在岩体物性方程中应含有时间因素。

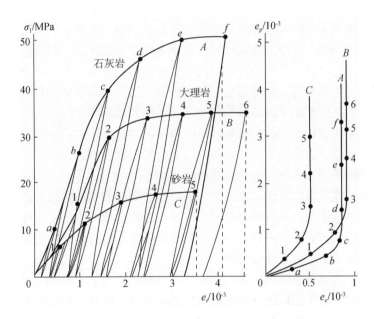

图 10　岩石形变曲线和由其所得的 $e_p - e_e$ 关系曲线

在总蠕变应变 e_t 的表示式中，瞬时受载发生的弹性应变 e_e 和塑性应变 e_p，以及随时间延长发生的蠕变应变 e_{I-III}，都是在共同的应力 σ 作用下造成的。其中，表述 $\sigma - e_{ep}$ 关系的是弹塑性方程，表述 $\sigma - e_t$ 关系的是蠕变方程。这些方程，目前被分别在三个固体力学分支中使用，之所以出现这种状态，其原因是由于学科在不同历史发展阶段中的认识水平和不同的应用目的。

3. 岩石力学性质各向异性

实验测得（安欧，1992），岩石弹性模量各向异性系数的最大值，压缩时为 6.2，剪切时为 3.4，拉伸时为 2.7，泊松比各向异性系数最大为 69.25，变形模量各向异性系数为 0.15～1.65。

4. 建立岩体新的物性方程

牛顿和虎克这两位力学巨匠，前者发现了微积分和牛顿运动定律，建树成经典力学，

后者发现了虎克定律，提出弹性力学的实验基础。但二者都有历史的局限性。

虎克当初所作固体变形实验设定的条件：①实验试件用弹性材料，在弹性范围内加载，不计载荷大小的影响；②实验瞬时完成，不计加载时间长短、加载速率、加载次数、恢复过程的影响；③实验在常态环境下，即在常温、常围压、空气介质中进行，不反映这些环境因素变化造成的影响；④试件用均质材料，不反映材料组织结构影响及各向异性。

据上得出如下结果：①加载时材料变形，卸载则材料恢复原状，只记录了弹性形变；②加载和卸载都在瞬时完成，是极近线弹性的；③一种材料的弹性模量（原用弹性系数）一定，是表示材料弹性性能的常量。

近百年来国内外大量岩石力学实验结果表明，岩石的力学性质已远远超出了虎克所得实验结果的范围，主要有如下特征：①岩石受载时间越短越突出弹性，但即使瞬间加载也出现不可恢复的塑性形变，并随加载时间延长而增大，遵从蠕变规律：出现减速的蠕变第一阶段、恒速的蠕变第二阶段、加速的蠕变第三阶段，及至断裂；②岩石力学参量，是随试件载荷、温度、围压、介质、加载时间、加载速率、加载次数、卸载后恢复过程而变的变量；③岩石在某时刻的力学性质，与以前全部受载历史有关，使得应力与应变关系出现多值性；④岩石力学参量受其非均匀组织结构影响，出现不同程度的各向异性；⑤岩石有在残余和现今应力共同作用下的各种综合模量、强度和泊松比。

地壳力学，研究岩体在长时段以至地质时期内的构造变形，及至断裂，以及断裂后还继续进行的构造运动，因之须取表达岩体变形全过程的物性方程。这种方程应具有三大特点：第一是使用随各种影响因素变化而变的岩体力学性质变参量；第二是含有时间因素；第三反映岩体力学性质各向异性。可见，传统的岩体物性方程实际是岩体弹性方程、弹塑性方程，而且其中岩体的力学参量都设定为恒量、各向同性的，使得此种方程与天然岩体的实际情况有严重偏离。这种失真的假定所引起的后果，将直接进入用之进行运算结果的误差中，使得结果产生不确定性或错误。

据上，建立岩体变参量含时间各向异性物性方程势在必行。即便由于不同应用目的，在应用要求允许的情况下而取用弹性方程或弹塑性方程，但其中只要有岩体力学参量就应考虑变参量的变化作用或消除其变化的影响。

解决此类问题，有两种思维方法：一是现象论，以实验和观测到的岩性实观现象为依据，提出理论和方法，即本文所持前述建立新方程观点；一是瞬态论，论述时间 $\Delta t \rightarrow 0$ 的瞬时状态，由于每个这样瞬态的岩体力学参量都各是常量，依此来作理论处理，得许多不同岩体力学参量的各个瞬态的空间分布结果，然后把这些瞬态结果沿时间轴连续起来，得整个时间段的总结果。如同用有限元法计算三维应力场时，可用六面体程序一次算出三维场；也可先算出许多互相平行的二维场，然后将其沿第三轴连接起来成为三维场一样。从几何观点看来，两种处理结果似应一样，但在连续时间中应反映出的前后相关联的物理现象，在多个瞬态结果相加后，由于忽略了横向相互作用，却可能不都反映出来而部分失真，这是两种处理方法在物理上的不同。但在对所得结果准确度和精确度的要求允许时，不排除后一作法尚可使用。

四、连续方程

地壳力学，把岩体微体素重心点的力学参量、应力和位移都设定为坐标的单值、连续、可微函数，并据此表示有岩体应力连续方程、岩体应变连续方程，作为解题的重要工具，使用于各种力学状态假定的所谓"连续岩体"。这与地壳岩体特别是地壳上层布满裂缝的实际岩体状况是根本不相符的。

行星是由星际物质旋转收缩凝聚而成的。地球作为一个行星，当其缩聚而成时，组成它的各小天体相互接触的界面，就成了地球原始的不连续面。其深部由于后来温度升高围压增大而熔结起来，地壳和地幔上部这种接缝便不同程度地保留下来，并被后来的构造运动所改造。这些原始接缝，随着地形高处被剥蚀而使低处沉积加厚和扩大以及岩浆喷溢所造成的地球形状的逐渐规整化，在后来的构造运动中不断发生水平和铅直延裂，同时带动上覆新地层的变形，而使自身的走向逐渐规整并渐趋平滑，成为今日地表断裂构造的一部分。故地球作为一个天体，并非后来才有裂缝构造，它一开始就是一个布满许多不连续面的天体。这些原始不连续面与后来逐渐形成的构造断裂一起，构成了今日的断裂构造系统。

地壳构造断裂有如下的架构特点（安欧，2012）：

分布广，除分布于大陆外，还在大洋中大范围分布。在被长几公里至几千公里的断裂切割的地块中，还有分布成网的节理。

深度大，在深达7000余米的钻孔中发现，在这个深度的岩体中仍是节理纵横。断裂最深者达700km，穿透了地壳。

成网络，在地壳分布成经向、纬向、共轭斜向，把地壳切割成碎块。地壳已发展成断层和节理纵横的碎块体。

作用强，是地壳主要构造形象，使地壳成为由断裂切割成的块体所构成。现代构造运动主要是这些块体活动，其活动强度远低于连续岩块的强度。小断裂的延裂和对接，形成大断裂。并以地震的活动形式，从地壳浅部向下延裂或从下部震源破裂后向上延裂至浅部或地表，同时水平向外扩展。

当今，不连续性已是岩体最重要的性质。岩体的构造运动，为结构体和结构面变形、断裂、移动和转动的总和。这已成为岩体变形机制和岩块变形机制的根本区别。

传统地壳力学借用的连续体力学的连续方程，把应力和应变设定为岩体中坐标的有限、单值、连续、可微函数，这已远离了地壳的不连续性实际。地壳岩体已被断层、节理、缝隙分割成碎块体，地壳中无缝隙的连续岩块最大也不过十几米。这使得岩体中的力学性质参量、应力、应变，已不满足连续条件，不适于用连续方程来描述。为解决此困境，须建立碎块体力学理论。

五、几何方程

设岩体中的应变与点的位移有几何关系，表示为几何方程。这个方程的前提，是岩体为连续介质。略去方程中的平方和乘积项，得小应变表示式。由于简化了几何关系，故在地壳力学中已被通用。

由于传统地壳力学已通用固体力学中这种小应变理论，设定了岩体应变是"微小量"，因而使用中便将岩体应变的平方和乘积项由于更微小而略去，使得小应变几何方程已成为实用化基本方程之一。但除了对岩体连续性假定不属实外，对地壳大形变构造运动也是不适用的。

地壳力学中，虽然应力不高，但由于岩体构造变形主要是蠕变，因此实际上是大应变状态，此时大应变的平方和乘积项已不可略去不计。而且用此小应变理论，也得不出地壳运动中大规模褶皱变形和断裂构造的巨大形变结果。说明，这种理论与地壳构造的实际规模也不相符合，它得不出几百公里的大规模阿尔卑斯倒伏复式褶皱和大洋中几千公里大断层的巨大变形量。

褶皱，是向深部消失的水平压缩变形构造，其倒伏和平卧便是水平压缩的证据，阿尔卑斯山水平缩短了 240~320km，喜马拉雅山的抬升使原陆壳水平缩短 300km，落基山水平缩短 40~100km，阿巴拉契亚山水平缩短 50~80km。这些水平缩短量，都已大于地壳厚度。全球性等距离分布的巨型经向、纬向构造带、美洲西部北西至北北西向构造带与亚洲大陆东部的北东至北北东向构造带以及中国西部的北西至北北西向西域系、河西系和青藏反 S 形构造对经线成东西两双对称分布，都说明地壳发生了大规模水平构造运动和变形。

断层，是地壳主要构造形象，规模长、深度大、分布广、成网系。太平洋东西岸的贝尼奥夫带厚 20~40km，地表为深海沟、火山带、列岛弧，深部形态由震源划定，是高波速区。在日本、南美、东亚大陆东南缘，俯冲带深达 700 余公里，并有大洋沉积物随洋块一起俯冲，穿透地壳，已到上地幔下部。如东非大裂谷、莱茵地堑水平拉张、大洋中宽 100~200km，长数千公里的平错断层、瑞士阿尔卑斯山格拉尔冲断层水平逆冲 30km。这些断层活动，都引起巨大形变。

六、结　论

上述表明，地壳力学发展至今，传统的理论已显出其严重不足之处，须建立新的地壳力学理论。当然，在客观条件许可作简化处理时，也可用各种缓解方法来近似使用原方程组，但能使用的范围是极其有限的，所得结果也是近似的。这样得到的结果的可信度，自然也随条件简化程度的加大而降低。不论如何选择，总览大局，对之作些改进甚或重建，应是大方向。

参 考 文 献

安欧. 1992. 构造应力场. 北京：地震出版社.

安欧. 2011. 地力学地震预测基础. 北京：地震出版社.

安欧. 2012. 工程岩体力学基本问题. 北京：地震出版社.

安欧. 2013. 地壳动力学能量场. 地壳构造与地壳应力文集（25）. 北京：地震出版社.

周培源. 1952. 理论力学. 北京：人民教育出版社.

М. Н. Вehтчель. 1962. ОСНВЫ ТЕОРЕТИНЕСКОЙ АСТРОНОМИИ. Теодезиэдат Москва.

Troubles of Fundamental Equations of Geocrustal Mechanics

An Ou

(Institute of Crustal Dynamics, CEA, Beijing 100085, China)

Abstract: The fundamental equations used in traditional geocrustal mechanics have indeterminacy and inconsistency in view of the facts in the research of tectonic movement of geocrustal rock mass, so must be improved and rebuilt.

Keywords: crustal mechanics; basic equation; tectonic movement

地震活动性参数 b 值的研究

陈　阳　吕悦军　谢卓娟　潘　龙[①]

（中国地震局地壳应力研究所　北京　100085）

摘　要　b 值是描述地震震级频度分布特征与地震活动水平的重要参数，广泛应用于地震危险性分析和地震预测研究。本文首先对 b 值的物理意义、统计方法和统计结果的影响因素，以及在地震危险性分析和地震预测中的应用情况做了简要介绍。在此基础上，讨论了目前 b 值研究中存在的一些问题以及未来的发展方向。

关键词　地震活动性　b 值　综述

一、引　言

古登堡和里克特在 1941 年提出全球地震活动遵从 $\lg N = a - b \times M$ 的经验关系（简称 G-R 关系）。式中 M 表示震级大小，N 代表震级大于或等于 M 的地震次数，a，b 为系数。此后，又有学者提出用二次项式、双折线、高阶多项式、截断的线性关系和 Weibull 分布描述一个地区的震级-频度关系（成尔林，1993；蒋溥等，1993；王炜等，1994；张瑞芳，2006），但实践中应用较少。G-R 关系是最常用的震级-频度关系，其系数 b 被用来描述研究区的地震震级-频度分布特征与地震活动水平，主要应用于地震危险性分析和地震预测研究。

在地震危险性分析中，b 值和地震年发生率一起用于确定地震活动的水平，其取值对地震危险性分析结果的影响较大（鄢家全，1996）。在地震预测研究中，b 值作为基本的地震活动性参数，成为地震预测的一个常用指标参数。此外，由于 b 值与岩石破裂的内在关系（Mogi，1967；Scholz，1968），其也被应用于活动构造的研究中。作为上述分析研究的基本参数，b 值的计算及其物理意义都非常重要。

本文在回顾有关 b 值的物理机制研究成果的基础上，分析了 b 值的统计方法及统计结果的影响因素，并简要介绍了 b 值在地震危险性分析和地震预测中的应用情况，最后就 b 值研究中存在的一些问题以及未来的发展方向进行了探讨。

[①]　**作者简介**：陈阳，硕士研究生，研究方向为地震活动性及地震危险性分析。
　　　课题资助：中央级公益性科研院所基本科研业务专项（ZDJ2013－05）资助。

二、b 值的统计及应用

1. b 值的物理意义

b 值可通过统计地震样本得到，但它也有一定的物理意义。主流的观点是认为 b 值与应力状态、介质强度和不均匀性有关。

从 20 世纪 60 年代开始，科学家们开始通过岩石力学实验来研究 b 值。Mogi（1967）用实验证明 b 值与材料强度和压力条件有关。Scholz（1968）利用单轴与三轴岩石压力实验进一步证明，b 值与岩石类型、应力状态有关，当应力增加时 b 值减小。马胜利等（2004）通过室内岩石力学实验证明，含有大量微裂纹的花岗岩在变形过程中 b 值具有下降的趋势，而几乎不含微裂纹的花岗斑岩变形过程中 b 值随应力增加而增加。

尹祥础等（1987）根据断裂力学的基本理论，认为 b 值反映了介质断裂构造状态，而介质断裂构造状态可能是介质不均匀性的一种表现；并且认为应力水平对 b 值的影响是通过改变断裂构造状态造成的（Scholz，1968）。吴小平（1990）从实际大地介质出发，结合断裂理论推演了古登堡公式，并证明 b 值正比于介质不均性指标，反比于介质应力水平。另外，还有研究表明，b 值和断层的分形维数有关（Aki，1965；Öncel et al.，1996）。

2. 统计 b 值常用的方法

古登堡-里克特定律表明在一定空间范围内，震级 M 和发生 M 级以上震级地震次数的对数值之间存在线性关系。其参数 b 值的估计方法主要有最大似然估计法、最小二乘估计等方法。

最大似然估计是一种常用的点估计方法，其本质在于取到能使观测到的地震样本出现的概率最大的那个参数值作为未知参数的估计。最大似然法的计算公式（Aki，1965）可表示为：

$$\hat{b} = \frac{N\lg e}{\sum_{i=1}^{N}(M_i - M_0)} \tag{1}$$

式中，$\hat{b}$ 代表 b 值的估计量；N 为地震总个数；M_i 代表第 i 个地震的震级；M_0 为起算震级。

最小二乘法是一种数学优化技术，它通过最小化误差的平方和寻找数据的最佳函数匹配。线性最小二乘法计算 b 值公式（Sandri et al.，2006）如下：

$$\hat{b} = \frac{\sum M_i \sum [\lg(N_i)] - n \sum M_i [\lg(N_i)]}{(\sum M_i)^2 - n \sum M_i^2} \tag{2}$$

式中，M_i 代表第 i 个地震的震级；N_i 表示震级大于 M_i 的地震个数；n 为地震总数。

3. 影响 b 值统计结果的因素

b 值是对实际地震资料的统计得来的，统计结果与统计方法、实际资料的完整性、统计样本量、取样的时空范围、样本的起始震级和取样的间隔等都有关系（黄玮琼等，1998）。以下分别从统计方法、统计时空范围和资料预处理 3 个方面论述。

1）统计方法

（1）计算方法。

在 b 值统计分析中，用最大似然法估计 b 值的算法最容易，但其误差估计值偏大，而且只与地震个数有关，与数据质量无关。用最小二乘法直接拟合所得 b 值的估计值比较准确，但计算量大，常常需要借助计算机完成（任雪梅，2011）。

蒙特卡洛方法可以构造符合一定规则的随机数来解决数学上的问题，这种方法在地震研究中也有应用。张建中等（1981）应用蒙特卡洛法得到了用各种方法计算 b 值误差表，该表表明用极大似然估计得到的 b 值均方根误差最小，非线性最小二乘法误差较大；极大似然法最简，非线性最小二乘法最繁；从与极大似然估计结果的相关来看，在相关性方面线性最小二乘优于非线性最小二乘，且随着样本量增加，三种方法所得结果的差异越来越小。

（2）起始震级。

有学者认为 $G-R$ 关系只在一个确定的震级范围内成立（Pacheco et al.，1992；Scholz，1997；Triep，et al.，1997；Knopoff，2000）。Okal 等（1994）用不同震级标度计算了 b 值随震级增大的变化情况，得到 b 值可能随震级的增大而有所增大，他认为 b 值只能在没有饱和的震级段内统计。黄玮琼等（1989）和 Frohlich 等（1993）指出震级的大小影响着 b 值，小震（$M<3.0$）和大震（$M>7.0$）所得到的 b 值与中等震级（$3.0 \leqslant M \leqslant 7.0$）的 b 值不同。

采用不同的起始震级统计 b 值，计算结果存在较大差异，因此，有必要根据具体情况，选择合适的震级范围。在统计中，多将最小完整震级作为统计的起始震级。也有学者认为在地震样本量满足要求的前提下，尽量提高起算震级（潘华等，2006）。

（3）震级档间隔。

在统计 b 值时，统计间隔多取 0.5 级。由于震级精度的原因，过细的震级分档是没有意义的。吴兆营等（2005）在计算东北地震区 b 值时按 0.5 和 1.0 级分档，得到的 b 值相差 0.04，表明不同的震级分档对 b 值结果存在一定影响。也有学者不建议将震级人为分档，如孙文福等（1992）认为，这种做法给出的震级–频度分布表面上似乎有很好的线性关系，但实际上却是对震级资料做了无根据的二次修正。

2）统计时空范围

（1）b 值统计的时间段。

一个地区的 b 值随时间有一定的波动。Cao 等（2002）通过分析高质量的地震目录，发现日本岛弧东北部的 b 值由 1984～1990 年的 0.86 下降到 1991～1995 年的 0.73。陈学忠等（2001）计算了中国大陆 5 个地震活跃期和四个地震平静期的 b 值，地震活跃期的 b 值明显比平静期的低。黄玮琼等（2001）就统计时段选取的不唯一性对地震活动性参数 b

值的影响做了统计研究，认为由于统计时段选取的不同，各地震带产生的 b 值相对变化范围为 6.1% ～ 13.8% 。

在估算未来的地震活动水平时，合理选择 b 值的统计时段非常重要。黄玮琼（1998）认为，由于地震在时间上的非平稳性，在选取 b 值估计的时间段时，须考虑到各地区地震资料的不平衡性与地震时间分布特征的差异性，因地制宜、酌情处理，以求所选时段能合理反映未来的地震活动水平。

另外，有时也需要联合使用历史地震资料和现代地震资料来统计 b 值。这是因为使用历史地震资料求某地区的 b 值，可利用的震级范围有限，所得到的 b 值往往比实际值偏低，而现代地震资料因其记录的时间太短，所得 b 值不能正确反映一个地区长期的地震活动特征（黄玮琼，1989）。

采取多方案统计 b 值可以在一定程度上减小 b 值的不确定性。联合使用不同统计时段的完整地震资料，使用地震年发生率代替频度，并考虑未来地震活动水平，综合确定地震带未来百年地震活动的 b 值。这是我国第五代区划图确定地震活动性参数时所使用的方法。

（2） b 值统计的空间域。

Tsapanos（1990）计算了环太平洋地震带上美国南部、墨西哥和美国中部 2 个区域的 b 值，后者高于前者，他认为这种差异是由于构造条件不同造成的。Hatzidimitriou 等（1985）计算了爱琴海地区 21 个地震区的 b 值，并按大小将 21 个地震区在地理上分为 3 组，3 组区域的连接边界和众所周知的地质区边界一致；他认为这种巧合与该地区介质的差异、构造的差异和应力状况有关。

地震资料也存在空间分布的不均匀性，这对 b 值的统计计算有较大影响。我国东部和西部地区相比，地震资料缺失情况差异明显；在 1900 年以前，我国的地震资料主要集中分布在东部地区，西部地区地震记载缺失严重，显现出西部地震活动偏低的假象；而 1900 年以后，随着世界地震台网和我国地震台网的建设与发展，西部记录到的地震事件显著增多，客观地反映出西部地震活动水平远高于东部地震活动水平。

从理论上说，b 值的统计区域可以任意选取，所求的值用来表征所划区域的地震活动性。但是，为了合理地反映各地区地震活动规律及其空间的不均匀性，合理选择 b 值的统计空间是非常有必要的。在工程地震研究领域，将地震带作为地震活动性参数的统计单元是现行的做法。这种做法保证了样本量，统计结果相对可信。但一个地震带内的所有的潜在震源区都用一个 b 值，也存在一些问题（亢川川等，2010）。

3）资料预处理对 b 值统计结果的影响

地震资料的预处理工作主要包括完整性分析、余震删除和统一震级标度。

（1）地震资料的完整性。

对实际观测资料统计得到的 $G - R$ 关系常在低震级和高震级段偏离线性，其中，在低震级阶段出现"掉头"现象一般认为是由地震记录的缺失造成。完整可靠的地震资料是统计 b 值的基础，因此，分析资料的完整性和可靠性十分必要。

历史地震是根据历史资料记载分析得到的。年代越早，地震漏记的可能性越大。Lee（1979）对中国历史地震目录的完整性做了分析，认为历史地震目录的完整性与历史人口的时间和空间分布、朝代的稳定程度和古人的记录方式等客观因素有关。我国历史地震目录资料相对国外来说保存较多，但对于各个历史时期和不同区域，目录完整程度差异较大。任雪梅（2011）在其博士论文中对各个时期历史地震资料遗失情况、地震资料缺失原因以及中国不同地理区域历史资料的完备性做了深入细致的研究。黄玮琼（1994a，1994b）根据地震在时空上的分布特征，运用一些分析与对比的方法来研究历史地震资料的完整性。分析历史地震资料完整性的主要方法有 b 值曲线检验法、地震年平均发生率法和比例系数法。b 值曲线检验法主要依据震级-频度关系图，看是否存在"掉头"现象。地震年平均发生率法根据 b 值确定年平均发生率的上界理论值，并根据活跃期内的地震年平均发生率不低于理论值的原则，判断完整性震级的起始年代。比例系数法主要利用活跃期内相同震级档的地震次数与最小完整性震级以上地震次数的比例大致一致的原则，判断完整性震级的起始年代。

随着地震台网逐步完善，以往不能记录到的小震、微震现在也能被地震仪记录到。由于种种原因，一些小震和微震时常被漏记，因此也有必要对现代地震目录的完整性进行研究。Wiemer（2000）认为现代地震数据的质量可以用区域最小完整震级（Mc）表示。对 Mc 的估计有两类方法，一类是统计方法，也是目前常用的方法，主要基于震级-频度关系。其最简单的方法是根据经验目测舍弃记录不完整的、较小震级段的资料，取线性段的最小震级作为最小完整震级。由于经验目测方法往往带来主观误差，现已发展了一些计算方法，比如全震级范围法、拟合效果测试法、b 值稳定性方法和最大曲率法等（Ogata，2007；Wiemer，2000；Cao，2002；Woessner，2005）。另一类方法是基于对地震波形分析处理的方法，包括比较振幅-距离曲线和信噪比方法（Sereno Jr，1989；Harvey，1994）、振幅阈值方法（Gomberg，1991），这些方法工作量大，因此较少被采用。

（2）余震。

余震丛集特征明显，在一定程度上掩盖了地震作为独立事件的统计特征，使地震活动的时空分布偏离了正常活动状态。因此在对地震活动性进行分析之前，应考虑余震对计算结果的影响，必要时对余震进行删除处理。

在地震活动性分析中，删除余震的目的是消除地震之间的相关因素，使地震的发生尽量满足平稳性、相互无关性，即满足泊松模型。删除余震现常用单键群法 SLC、基于主震震级相关的余震空间时间窗删除法等半定量方法（Console，1979；Keilis-Borok，1980；陈凌，1998）。Frohlich 等（1993）的研究表明删除余震后研究区的 b 值小于不删余震的情形。

（3）震级标度。

地震目录中会出现多种震级标度，包括近震震级 M_L、面波震级 M_S、中长周期体波震级 m_b 和短周期体波震级 m_B 等。由此，陈培善等（2003）提出在计算一个较大地区、较长时段的 b 值时，使用面波震级 M_S；计算较小地区较短时间的 b 值时，使用近震震级标度 M_L；他认为分别由 M_S 和 M_L 震级计算出的 b 值是不能比较的，为此，他提出先根据 M_S 和 M_L 计算地震矩，再转换成矩震级 M_W 的解决方法。汪素云等（2009）用统计回归的方法得到 M_L 和 M_S 的转换关系，使用他们的转换方法会造成 5 级以上地震数量增多，导致 b 值增大。

4. b 值的应用

（1）b 值在工程地震中的应用。

b 值在工程地震中最直接的应用就是作为概率地震危险性分析的参数。地震危险性分析已广泛应用于地震区划和具体场地地震动的估计。工程场地的地震危险性来源于场点周围的潜在震源区未来发生的各震级地震的影响；预测未来各震级地震的发生状况，是估计场点地震危险性的基础。

用概率法进行危险性分析时，我们假定潜在震源区内地震次数随震级增高以指数形式减少，大小地震之间的比例关系用古登堡-里克特的震级-频度关系表示，b 值实际上是衡量某地区地震活动水平的一种标志。在进行概率地震危险性计算时，用 b 值确定统计区内各级地震发生的概率密度分布函数。

$$F(M) = \frac{1 - \exp[-\beta(M - M_0)]}{1 - \exp[-\beta(M_{uz} - M_0)]} \tag{3}$$

$$f_M(M) = \frac{\beta\exp[-\beta(M - M_0)]}{1 - \exp[-\beta(M_{uz} - M_0)]} \qquad （其中 \beta = b \times \mathrm{Ln}10） \tag{4}$$

式（3）和（4）分别为震级不大于 M 的地震发生的概率和概率密度函数的计算公式（胡聿贤，2006）。式中 M_0 为下限震级，M_{uz} 为上限震级。

潘华（2000）重点研究了地震统计区划分的不确定性、地震统计区参数 b 值和 v4 的不确定性、以及空间分布函数的不确定性对概率地震危险性分析的影响，他认为地震活动性参数对地震危险性分析结果的影响是很可观的。

在用概率法做地震危险性分析中，b 值是个重要参数。b 值的不确定性对加速度峰值计算结果影响很大，与衰减函数不确定性对峰值的影响在同一量级上，若 b 值减少 0.05，在指定概率水平下，对应的水平加速度峰值变化最大，相对变化不超过 10%；b 值减小 0.1 时约为 25%（鄢家全，1996）。对一般工程抗震设计来说，要求水平峰值加速度相对变化在 20% 以内，所以 b 值的微小差异也不容忽视。

（2）b 值在地震预测研究中的应用。

利用 b 值的变化预测地震是 b 值的又一个重要应用。马鸿庆（1978）最早研究了华北地区几次大震周围的较小区域内和较大区域内的 b 值变化，发现了较小区域内的 b 值随时间先升高后逐步降低，直至最低值，震前又有所回升才发震；较大区域内的 b 值随时间的变化，在大震前有个明显的峰值期，峰值期的长短与大震震级有关。

有学者应用 b 值的变化对地震进行中长期预测。Sykes 等（1999）认为地震活动性的改变可以用作一个月到十年的时间范围的中期预报。陈学忠等（2001）计算活跃期和平静期的 b 值，认为地震活跃期的 b 值明显比平静期的低，他认为中国大陆从 1988 年开始的第五轮回的地震活跃期 b 值比活跃期的平均 b 值大，所以认为本轮活跃期可能还没有结束，还可能发生较大的（7 级）地震。

也有人将 b 值变化的异常作为短临预报的前兆。韩渭宾（2003）将四川、云南大地

震前的 b 值降低作为趋势异常，并得到了很好的应用效果。Suyehiro 等（1972）认为地震可以用它之前的前震来预测，地震区的 b 值在发震之前会比正常值明显地偏小，但是也有的地震没有这种现象。Fiedler（1974）认为 b 值在地震前会有一段时间升高。Smith（1981）认为新西兰地震震前 b 值的增加与地震空区有关，表明大震之前中等强度的地震会缺失，他统计了高 b 值的时间与主震震级的关系，但这种关系不太明显。段华琛等（1995）根据所选择监测范围内的测震资料对有限震例的计算分析，初步给出有关 b 值变化前兆异常的特征、定量指标和有关从属函数的计算公式。

三、b 值研究和应用中存在的问题及展望

揭示 b 值物理意义的岩石力学实验，反映的是有限压力、有限温度、有限岩石尺度和声发射现象的室内实验结果，而岩石样本裂隙与断层在尺度上有很大差别，小尺度的实验样本裂隙能否代表大尺度的断层，样本受到的压力能否反映实际断层的受力情况，高压高温条件下岩石的流变特性等问题，对于进一步认识 b 值物理意义都很有价值。

在地震活动性分析中，为保证地震事件的相互独立性，应对余震进行删除处理。但是对余震的识别目前来说仍没有很好的解决方法。现行余震删除方法是基于半定量的经验方法去识别和删除的。对于 b 值的统计计算，余震的影响不容忽视，可以试着从统计时段的选择和取样方法等方面寻求消除余震影响的解决方案。

在地震预测研究中，作为地震前兆异常，b 值的异常变化多种多样。根据震例总结，发现震前 b 值降低或升高都有可能发生地震，无异常也有可能发生地震，甚至也有出现异常而未发生地震的情况。如何根据 b 值异常进行地震预测？我们首先还得对 b 值的物理意义展开研究，明确 b 值异常的物理机制；其次可能还需要根据地质构造条件，选择 b 值的统计空间范围。

Schwartz 等（1984）根据对古地震探槽的研究，较好地解释了地震断裂带（区）中强地震范围内的低 b 值特征。在应用于地震安全性评价时，地震带是地震安全性评价中 b 值的统计单元，可能忽略了地震带内不同构造体在 b 值上的差异。沈建文等（2007）认为我国现行地震安全性评价中，地震活动性统计区域不一定是地震带，较大地震带中全部地震统计得到的 b 值与该带中某工程的研究区域中的 b 值也无必然联系。在危险性分析中，地震带内所有的潜在震源区都用同一个 b 值，可能会低估地震带内一些活动断裂的地震危险性，能否以潜在震源区或断裂带等作为 b 值的统计单元值需进一步研究。

当前，人们对 b 值的研究已取得了丰硕的成果，b 值也在地震预报和工程地震中得到了广泛的应用。目前来看，国外对 b 值空间分布特征的研究很多，也得到了很多有意义的结论。我们应当加强这方面的研究，对 b 值的空间不均匀性进行分析，将 b 值空间分布特征与板块运动特征、地质构造特征联系起来。另外，一次大震会引起发震断层及其附近区域应力发生不同程度的变化，而 b 值可以表征区域应力情况，通过分析发震前后 b 值的相对变化可以推测应力的变化，进而评价该地区的强震危险性。

b 值研究的一个难点在于是历史地震资料不完整，现代地震资料年限较短，而且空间

分布不均匀。进一步改善地震资料的精度和完整性，也对 b 值研究具有推动作用。随着全国地震监测能力的不断提高，我们可以获得更多数量和更高精度的地震数据，从而可以更好地研究 b 值，为工程地震和地震预测研究服务。

参 考 文 献

陈凌，刘杰，陈颙，等. 1998. 地震活动性分析中余震的删除. 地球物理学报，41（6）：244～252.

陈培善，白彤霞，李保昆. 2003. b 值和地震复发周期. 地球物理学报，46（4）：510～519.

陈学忠，吕晓健，王慧敏. 2001. 中国大陆地震活跃期和平静期的 b 值与地震趋势研究. 地震，21（1）：59～62.

成尔林. 1993. 震级-频度关系的修改及其对部分地震区带的应用. 西北地震学报，（3）：33～37.

段华琛，范长青. 1995. b 值计算及其在地震预测预报中的应用. 地震学报，17（4）：487～492.

韩渭宾. 2003. b 值在地震预测中的三类应用及其物理基础与须注意的问题. 四川地震，106（1）：1～5.

黄玮琼，时振梁，曹学锋. 1989. b 值统计中的影响因素及危险性分析中 b 值的选取. 地震学报，11（4）：351～361.

黄玮琼，吴宣. 2001. 统计时段对地震活动性参数估计的影响. 地震学报，23（6）：588～595.

黄玮琼，李文香. 1998. 地震区划中 b 值统计时空范围的确定. 地震学报，20（5）：449～453.

黄玮琼，李文香. 1994a. 中国大陆地震资料完整性研究之一：以华北地区为例. 地震学报，16（3）：273～280.

黄玮琼，李文香. 1994b. 中国大陆地震资料完整性研究之二：分区地震资料基本完整的起始年. 地震学报，16（4）：423～432.

胡聿贤. 2006. 地震工程学（第二版）. 北京：地震出版社，359～361.

蒋溥，戴丽思. 1993. 工程地震学概论. 北京：地震出版社，14～16.

亢川川，雷建成. 2010. 基于地震带细致划分为地震构造区的概率地震危险性分析. 四川地震，（3）：1～7.

马鸿庆. 1978. 华北地区几次大震前的 b 值异常变化. 地球物理学报，21（2）：126～141.

马胜利，雷兴林，刘力强. 2004. 标本非均匀性对岩石变形声发射时空分布的影响及其地震学意义. 地球物理学报，47（1）：127～131.

潘华. 2000. 概率地震危险性分析中参数不确定性研究. 北京：中国地震局地球物理研究所学位论文，109～127.

潘华，李金臣. 2006. 地震统计区地震活动性参数 b 值及 v4 不确定性研究. 震灾防御技术，1（3）：218～224.

任雪梅. 2011. 地震区划中 b 值统计的若干问题研究. 北京：中国地震局地球物理研究所学位论文，5～9.

沈建文，余湛，邱瑛. 2007. 地震安评中地震活动性的统计区域与 b 值. 国际地震动态，（3）：1～6.

孙文福，顾浩鼎. 1992. 怎样正确计算 b 值. 东北地震研究，（4）：13～27.

汪素云，俞言祥. 2009. 震级转换关系及其对地震活动性参数的影响研究. 震灾防御技术，4（2）：141～149.

王炜，戴维乐，黄冰树. 1994. 地震震级的统计分布及其地震强度因子 M_f 值在华北中强以上的地震前的异常变化. 中国地震，10（增刊）：95～111.

吴小平. 1990. b 值物理机制的再探讨. 西北地震学报，12（3）：1～13.

吴兆营，薄景山，刘志平等. 2005. 东北地震区 b 值和地震年平均发生率的统计分析. 东北地震研究，21

（3）：27～32.

鄢家全. 1996. 地震活动性参数的不确定性及其对区划结果的影响. 中国地震，12（增刊）：71～77.

尹祥础，李世愚，李红等. 1987. 从断裂力学观点探讨 b 值的物理实质. 地震学报，9（4）：364～373.

张建中，宋良玉. 1981. 地震 b 值的估计方法及其标准误差——应用蒙特卡罗方法估计 b 值精度. 地震学报，3（3）：292～301.

张瑞芳，李俊拴. 2006. 环西太平洋地区的频度-震级关系非线性分析. 世界地震译丛，（4）：27～37.

Aki K. 1965. Maximum likelihood estimate of b in the formula $\log N = a\text{-}bM$ and its confidence limits. Bulletin of the Earthquake Research Institute, 43（2）：237～239.

Cao A, Gao S S. 2002. Temporal variation of seismic b-values beneath northeastern Japan island arc. Geophysical Research Letters, 29（9）：48-1～48-3.

Console R, Gasparini C, De Simoni B et al. 1979. Preambolo al Catalogo Sismico Nazionale（CSN）. I criteri di informazione del CSN Annali di Geofisica, 32（1）：37～77.

Fiedler G. 1974. Local b values related to seismicity. Tectonophysics, 23（3）：277～282.

Frohlich C, Davis SD. 1993. Teleseismicbvalues; Or, much ado about 1. 0. Journal of Geophysical Research, 98（B1）：631～644.

Gomberg J. 1991. Seismicity and detection/location threshold in the southern Great Basin seismic network. Journal of Geophysical Research, 96（B10）：16401～16416.

Harvey D, Hansen R. 1994. Contributions of IRIS data to nuclear monitoring. IRIS Newsletter, 13（1）：1051～1076.

Hatzidimitriou P, Papadimitriou E, Mountrakis D et al. 1985. The seismic parameter b of the frequency-magnitude relation and its association with the geological zones in the area of Greece. Tectonophysics, 120（1）：141～151.

Keilis-Borok V, Knopoff L, Rotvain I. 1980. Bursts of aftershocks, long-term precursors of strong earthquakes. Nature, 283（5744）：259～263.

Knopoff L. 2000. The magnitude distribution of declustered earthquakes in Southern California. Proc Natl Acad Sci U S A, 97（22）：11880～11884.

Lee W, Brillinger D. 1979. On Chinese earthquake history——an attempt to model an incomplete data set by point process analysis. Pure and Applied Geophysics, 117（6）：1229～1257.

Mogi K. 1967. Earthquakes and fractures. Tectonophysics, 5（1）：35～55.

Ogata Y, Katsura K. 2007. Analysis of temporal and spatial heterogeneity of magnitude frequency distribution inferred from earthquake catalogues. Geophysical Journal International, 113（3）：727～738.

Okal E A, Romanowicz B A. 1994. On the variation of b-values with earthquake size. Physics of the Earth and Planetary Interiors, 87（1）：55～76.

Öncel A O, Main I, Alptekin Ö, et al. 1996. Spatial variations of the fractal properties of seismicity in the Anatolian fault zones. Tectonophysics, 257（2）：189～202.

Pacheco J F, Scholz C H, Sykes L R. 1992. Changes in frequency-size relationship from small to large earthquakes. Nature, 355（6355）：71～73.

Sandri L, Marzocchi W. 2006. A technical note on the bias in the estimation of the b-value and its uncertainty through the Least Squares technique. Annals of Geophysics, 50（3）：329～339.

Scholz C. 1968. The frequency-magnitude relation of microfracturing in rock and its relation to earthquakes. Bulletin of the Seismological Society of America, 58（1）：399～415.

Scholz C H. 1997. Size distributions for large and small earthquakes. Bulletin of the Seismological Society of America, 87 (4): 1074～1077.

Schwartz D P, Coppersmith K J. 1984. Fault behavior and characteristic earthquakes: examples from the Wasatch and San Andreas fault zones. Journal of Geophysical Research, 89 (B7): 5681～5698.

Sereno Jr T J, Bratt S R. 1989. Seismic detection capability at NORESS and implications for the detection threshold of a hypothetical network in the Soviet Union. Journal of Geophysical Research, 94 (B8): 10397～10414.

Smith W D. 1981. The b-value as an earthquake precursor. Nature, 289: 136～139.

Suyehiro S, Sekiya H. 1972. Foreshocks and earthquake prediction. Tectonophysics, 14 (3): 219～225.

Sykes L R, Shaw B E, Scholz C H. 1999. Rethinking earthquake prediction. Pure and Applied Geophysics, 155 (2-4): 207～232.

Triep E G, Sykes L R. 1997. Frequency of occurrence of moderate to great earthquakes in intracontinental regions: Implications for changes in stress, earthquake prediction, and hazards assessments. Journal of Geophysical Research, 102 (B5): 9923～9948.

Tsapanos T M. 1990. b-Values of two tectonic parts in the circum-Pacific belt. Pure and Applied Geophysics, 134 (2): 229～242.

Wiemer S, Wyss M. 2000. Minimum magnitude of completeness in earthquake catalogs: examples from Alaska, the western United States, and Japan. Bulletin of the Seismological Society of America, 90 (4): 859～869.

Woessner J. 2005. Assessing the quality of earthquake catalogues: estimating the magnitude of completeness and its uncertainty. Bulletin of the Seismological Society of America, 95 (2): 684～698.

Review of the Study of Seismicity Parameter B-value

Chen Yang　　Lv Yuejun　　Xie Zhuojuan　　Pan Long

(Institute of Crustal Dynamics, CEA, Beijing 100085, China)

Abstract: B-value is an important parameter in describing the frequency-magnitude distribution and the level of seismic activity. It has been widely used in seismic risk analysis and earthquake prediction in China and abroad. In this paper, physical significance and statistical methods of b-values are briefly introduced. We also review the factors that influence the statistical results of b-values and practical applications in seismic risk analysis and earthquake prediction. The problems and future research interests of b-values are discussed at last.

Keywords: seismicity; b-value; review

水压致裂原地应力测量在高黎贡山
越岭隧道建设中的应用

周龙寿　　郭啟良　　毛吉震[①]

（中国地震局地壳应力研究所　北京　100085）

摘　要　高黎贡山越岭隧道是大理-瑞丽铁路建设中的关键性工程，位于印度板块与欧亚板块相碰撞的缝合带附近，即滇缅泰亚板块与腾冲地块（又称腾冲褶皱带、腾冲微板块），穿跨其相互碰撞汇聚的怒江缝合带。由于工程地质条件复杂，为确保隧道设计的安全与合理性，采取水压致裂方法，对该线路深埋长隧道开展了两个阶段的地应力测量工作。第一阶段对三个选线方案进行了 8 个钻孔的测量；第二阶段进行了 5 个深钻孔的测量。三向主应力关系式基本为 $S_H \geqslant S_V > S_h$，地应力特征主要以水平构造应力为主，隧道硐身附近的最大水平主应力优势方向基本在北东至北东东变化。根据水压致裂法地应力测量结果，对高黎贡山越岭隧道轴线走向、隧道断面形状的选取进行了讨论，预测了隧道开挖过程中发生岩爆的可能性。

关键词　水压致裂　地应力测量　高黎贡山　深埋长隧道

一、引　言

为促进地区经济的发展，打通我国通往印度洋周边国家的陆地大通道，发挥云南连接中国、东南亚、南亚三大市场的独特区位优势，改变云南处于全国综合交通运输体系末梢的状况，奠定云南省成为我国面向东南亚、南亚对外开放的枢纽地位，我国将在云南省境内修建一条通往中缅边界的大通道，该铁路线多运行在高山峻岭中。本文主要介绍了该线路中长度接近 40km、最大埋深超过 1000m 的高黎贡山越岭隧道选线、开挖设计中进行的两个阶段的地应力测量工作。

对于埋深较大的隧道深部原地应力测量，目前在国际上较为通用和较为成熟的方法是水压致裂法。水压致裂法是 20 世纪 70 年代发展起来的一种地应力测量方法，该方法是国际岩石力学学会试验方法委员会颁布的确定岩石应力所推荐的方法之一（国际岩石力学学会试验方法委员会，1988），是目前国际上能较好地直接进行深孔应力测量的先进方法。该方法无需知道岩石的力学参数就可获得地层中现今地应力的多种参量，并具有操作

①　作者简介：周龙寿，助理研究员，主要从事地应力测量与研究工作。
　　基金项目：中国地震局地壳应力研究所中央级公益性科研院所基本科研业务专项（NO. ZDJ2011-09）资助

简便、可进行连续或重复测试、测量速度快、测值可靠等特点，近年来得到了广泛应用，并取得大量的成果。

水压致裂法地应力测量就是利用一对可膨胀橡胶封隔器在预定的测量深度处上下封隔一段钻孔，然后向测试层段泵入高压流体直至孔壁岩石发生破坏，从而在孔壁周围地层中诱发形成水力裂缝。根据能量最低原则，裂缝起裂后总是沿着垂直最小主地应力的方向扩展。当注入的流体量足以使裂缝扩展长度约为钻孔直径的3倍左右时停泵，关闭水力压裂系统。停泵后裂缝逐渐闭合，当裂缝处于临界闭合状态时，裂缝内的流体压力与垂直于裂缝平面的最小水平主应力相平衡，那么，此时所对应的裂缝闭合压力就等于最小水平主应力，最大水平主应力可由最小水平主应力、岩石裂缝的重张压力及孔隙压力确定（中国地震局地壳应力研究所、日本电力中央研究所，1999；侯明勋等，2003）。

高黎贡山地区位于欧亚板块和印度板块的缝合带，地质构造环境复杂，现代构造活动强烈，现今构造应力作用显著，准确把握工程区域的原地应力状态对于长大深埋隧道的科学设计和施工至关重要。这是国内首次在此区域开展水压致裂原地应力测量工作，该工作不仅给出了此区域较为准确的应力状态，同时也为高黎贡山越岭隧道的设计开挖提供了极为重要的科学数据。

二、高黎贡山越岭隧道的地应力测量及应力状态

高黎贡山越岭地段地处印度板块与欧亚板块碰撞缝合带附近之滇缅泰亚板块，地跨滇缅泰亚板块与腾冲地块（又称腾冲褶皱带、腾冲微板块），跨越上述两个地块相互碰撞汇聚的怒江缝合线，是大理—瑞丽铁路的控制性工程（图1）。

越岭工程北自五合，南至蚌渺；东起怒江道街坝，西达芒市，横穿高黎贡山山脉南段。工程区地质条件具有"三高"（高地热、高地应力、高地震烈度）、"四活跃"（活跃的新构造运动、活跃的地热水环境、活跃的外动力地质条件、活跃的岸坡浅表改造过程）的特征[1]（鄢家全等，1979）（图2）。

1. 第一阶段的地应力测量

第一阶段主要研究以下3个越岭方案（图2）：①39.6km隧道方案（CK方案）；②21km隧道方案（C1K方案）；③17km隧道方案（C4K方案）。以上3个越岭隧道方案均穿越燕山期的岩浆岩地层、寒武和奥陶系的变质岩地层以及志留、泥盆、三叠、侏罗系等年代的部分沉积岩地层。隧道围岩中软、硬岩类均有广泛分布[2]。

---

① 中铁二院工程集团有限责任公司. 2007. 新建铁路大理至瑞丽线高黎贡山越岭地段加深地质工作及专题地质研究工作（第一阶段）工程地质勘察报告

② 成都理工大学地质灾害防治与地质环境保护国家重点实验室，中铁二院工程集团有限责任公司. 2008. 隧道地应力场及围岩大变形、岩爆和稳定性评价与预测专题报告

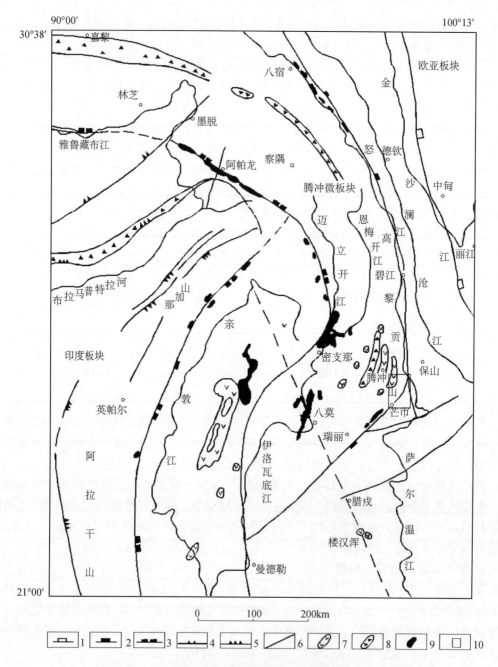

图 1　腾冲及邻近区域构造略图（据中铁二院工程集团有限责任公司，2007）

1. 金沙江缝合线；2. 怒江缝合线；3. 雅鲁藏布江缝合线；4. 主中央冲断层；
5. 主边界断层及那加逆掩带；6. 断层；7. 新生代火山；8. 石炭系冈瓦纳型沉积；
9. 蛇绿岩或超基性岩；10. 工作区位置

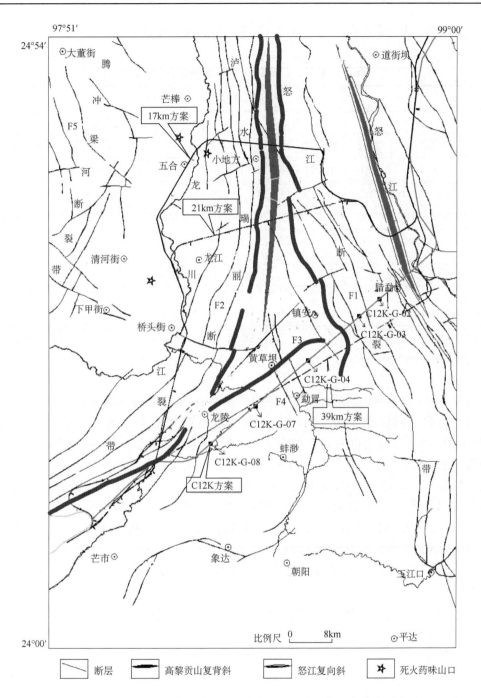

图 2　高黎贡山越岭隧道比选方案及地应力测量钻孔位置平面图

（据中铁二院工程集团有限责任公司，2007）

F1. 怒江断裂带；F2. 泸水-瑞丽断裂带；F3. NE 向断裂带；F4. NW 向断裂带；F5. 腾冲-梁河断裂带

■ C12K 方案地应力测量钻孔位置

根据以上 3 个方案所布设的水压致裂地应力测试结果见表 1。

表 1　CK 线、C1K 线和 C4K 线地应力测试结果

线路	钻孔编号	孔深/m	硐身附近的主应力参数					应力特征
			S_H	S_h	S_v	T	S_H（优势方向）	
CK	CZ-G-06	1151	20 ~ 22	15 ~ 17	26 ~ 28	7 ~ 9	N39 ~ 42°E	$S_v > S_H > S_h$
	CZ-G-09	757	20 ~ 21	14 ~ 15	19 ~ 20	3 ~ 5	N48°E	$S_H \geqslant S_v > S_h$
	CZ-G-09-1	802	18 ~ 19	13 ~ 14	19 ~ 20	4 ~ 9	N61°E	$S_v > S_H > S_h$
	CZ-G-11	716	28 ~ 29	17 ~ 19	18 ~ 19	3 ~ 5	N47 ~ 56°E	$S_H > S_v \geqslant S_h$
C1K	C1Z-G-03	766	27 ~ 30	18 ~ 22	18 ~ 19	2.8 ~ 4.8	N48 ~ 50°E	$S_H > S_h \geqslant S_v$
	C1Z-G-05	825	15 ~ 17	11 ~ 13	21	5 ~ 6	N25 ~ 39°E	$S_v > S_H > S_h$
	C1Z-G-06	702	14 ~ 15	10 ~ 11	16 ~ 18	5 ~ 7	N41 ~ 42°E	$S_v > S_H > S_h$
C4K	C4Z-G-19	745	20 ~ 21	14 ~ 15	19 ~ 20	1.5 ~ 2.5	N53°E	$S_H > S_v > S_h$

注：S_H 最大水平主应力；S_h 最小水平主应力；S_v 垂直主应力；T 岩石抗张强度。应力单位均为 MPa。计算垂直应力时，所用岩石容重均为 2.70g/cm³

由表 1 可见高黎贡山隧道比选方案硐身段现今地壳应力的基本特征：

（1）各孔位的隧道埋深差别较大。CK 方案硐身附近最大水平主应力值为 18 ~ 29MPa，最小水平主应力值为 13 ~ 19MPa，估算的垂直主应力值为 18 ~ 28MPa；C1K 方案硐身附近最大水平主应力值为 14 ~ 30MPa，最小水平主应力值为 10 ~ 22MPa，估算的垂直主应力值为 16 ~ 21MPa；C4K 方案硐身附近最大水平主应力值为 20 ~ 21MPa，最小水平主应力值为 14 ~ 15MPa，估算的垂直主应力值为 19 ~ 20MPa。

（2）三向主应力之间的分布关系基本为 $S_H \geqslant S_h > S_v$，表明该区构造应力作用明显，现今地应力场的主要特征表现为以水平主应力为主导。

（3）由于各孔硐身附近的节理裂隙比较发育，其岩石抗张强度也较小，基本为 1.5 ~ 9MPa。

CK 方案中 4 个钻孔硐身附近测定的最大水平主应力的优势方向为 N39° ~ 61°E，与隧道走向（N60°E）的交角约 10°左右；C1K 方案中 3 个钻孔硐身附近测定的最大水平主应力方向为 N25° ~ 50°E，与隧道走向（N75°E）的交角超过了 30°；C4K 方案中 C4Z-G-19 号钻孔所测定的最大水平主应力方向为 N53°E，与隧道走向（N15°E）的交角约为 38°，略大于隧道走向与最大水平主应力方向的最佳夹角（<30°）。

从实测最大水平主地应力优势方向分析，CK 线方案的隧道轴线走向与最大水平主应力优势方向之间的交角最小，更有利于隧硐的稳定。

2. 第二阶段的地应力测量

为进一步规避工程风险，在第一阶段勘察工作的基础上，开展了加深地质工作及专题地质研究工作的第二阶段即深化地质工作，重点研究了对 CK 方案优化后的 C12K 方案

（图2）。该方案仍需修建 34.5km 长大深埋隧道，隧道走向与 CK 方案基本一致，要穿越侏罗系、三叠系、奥陶－志留系、奥陶系、寒武系等众多地层，以及腊勐断层、勐冒断层等15条大断层。隧道地质条件非常复杂，需深入研究其现今地应力赋存特征，为隧道轴向选取、隧道断面设计及隧道围岩稳定性分析提供科学依据。①

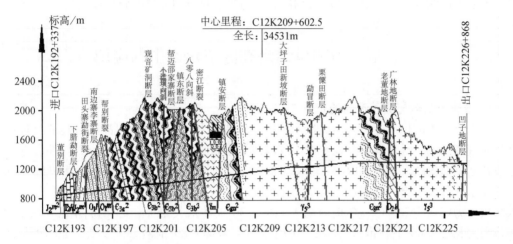

图3　C12K 方案高黎贡山隧道纵断面简图（据中铁二院工程集团有限责任公司，2007）

对 C12K 线高黎贡山越岭隧道 5 个钻孔进行了第二阶段地应力测量，测试结果见表 2。

表2　C12K 线高黎贡山越岭隧道 5 个钻孔地应力测试结果

线路	钻孔编号	孔深/m	硐身附近的主应力参数					应力特征
			S_H/MPa	S_h/MPa	S_v/MPa	T/MPa	S_H（优势方向）	
C12K	C12K-G-02	754	18 ~ 19	12 ~ 13	19	7 ~ 9	N61 ~ 64°E	$S_v \geqslant S_H > S_h$
	C12K-G-03	1051	27 ~ 28	19 ~ 20	25	4 ~ 8	N47 ~ 56°E	$S_H \geqslant S_v > S_h$
	C12K-G-04	911	23 ~ 24	15 ~ 17	23	2 ~ 5.5	N49 ~ 55°E	$S_H \geqslant S_v > S_h$
	C12K-G-07	697	15 ~ 17	11 ~ 13	17	4 ~ 10	N35 ~ 43°E	$S_v \geqslant S_H > S_h$
	C12K-G-08	770	19 ~ 21	12 ~ 14	19	4 ~ 8	N45 ~ 54°E	$S_H \geqslant S_v > S_h$

注：表中各项参数物理意义同表1，应力单位均为 MPa。计算垂直应力时，所用岩石容重为 2.65g/cm³。

由表 2 可知，C12K 线高黎贡山隧道硐身附近的现今地应力分布特征：

（1）最大水平主应力值为 15 ~ 28MPa，最小水平主应力值为 11 ~ 20MPa，垂直主应力值为 17 ~ 25MPa；

（2）三向主应力关系式基本为 $S_H \geqslant S_v > S_h$，地应力特征主要以水平主应力为主；

① 中铁二院工程集团有限责任公司．2007．新建铁路大理至瑞丽线高黎贡山越岭地段加深地质工作及专题地质研究工作（第一阶段）工程地质勘察报告

（3）硐身附近的最大水平主应力优势方向基本在北东至北东东（N35°E～N64°E）变化，主要是受区域构造及局部地形地貌的影响所致。总体而言，该线高黎贡山隧道的最大水平主应力优势方向与预选隧道硐身轴线方向交角较小，有利于隧道的开挖与稳定。

（4）由于各孔岩性不同，岩石的原地抗张强度也有一定差别，但基本为 2～10MPa。上述测试结果与第一阶段 CK 线相比，应力数值及方向大体一致。

三、地应力测量结果在隧道建设中的应用

1. 地应力状态与隧道走向的布置

地壳岩层中的构造应力作用的显著特征是构造应力的各向异性，故其对隧道走向的布置具有直接影响。隧道围岩的稳定性不仅取决于垂直于隧道走向的水平应力与垂直应力的比值及其绝对值的大小，还取决于隧道走向与最大水平主应力的夹角关系，由三维应力的三维摩尔圆分析得出，隧道走向与最大水平主应力方向夹角为 10°时，与隧道走向垂直的水平正应力将增大 2.5%；20°时将增大 11%；30°时将增大 25%；40°时将增大 41%；50°时将增大 59%；60°时将增大 75%；70°时将增大 88%；80°时将增大 97%；90°时将增大 100%。因此隧道走向与最大水平主应力方向夹角越小，越有利于隧道围岩稳定，通常情况下，隧道走向与最大水平主应力方向的夹角在 0°～30°最为有利。

当水平主应力大于垂直应力时，隧道轴线走向应选为与最大水平主应力方向平行，若垂直主应力大于水平应力时，隧道轴线走向应选与最小水平主应力方向平行。据此，在通常水平主应力值大于垂直主应力值的情况下，隧道轴线应选择在与最大水平主应力方向的夹角为 0°～30°范围时最为有利。

若隧道走向与最大水平主应力方向不能在 0°～30°范围内，并且夹角较大时，可通过对隧道横断面长短轴比例的选择，来实现其围岩的稳定。

以上是根据地应力状态确定隧道走向的方法。下面结合 C12K 方案五个钻孔的地应力测试结果进行简述：

5 个钻孔硐身附近测定的最大水平主应力的优势方向为 N35°～64°E，其优势方向的中心角度与隧道走向（N70°E）的交角约 20°。5 个钻孔硐身附近所测地应力的基本特征多为最大水平主应力大于垂向主应力，从地应力角度分析，C12K 方案隧道走向与最大水平主应力方向交角较小，有利于隧道围岩的稳定。

2. 隧道轴线横截面上的最大切向应力推算

在隧道或地下硐室等工程设计中，经常需要了解横截面上最大切向应力值的大小，用于预测硐室开挖后岩壁变形、岩爆等。为推算硐轴线横截面上的最大切向应力值，我们先来分析未开挖时隧道轴线水平面内某点所受水平应力情况，如图 4 所示。图中所示为平面应力状态，最大水平主应力 σ_H、最小水平主应力 σ_h 以虚线表示它们的作用方向。该点所受应力 $\sigma_横$ 表示与硐轴线方向垂直的水平应力（隧道侧向应力），$\sigma_纵$ 表示沿轴线方向的水平应力（隧道轴向应力），τ 为剪切应力大小，三个应力分量单位为 MPa，θ 为 σ_H 方向与隧道轴向的夹角（≤90°）。

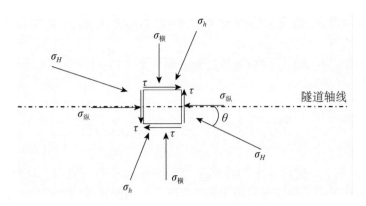

图 4　隧道轴线上某点水平应力分量示意图

水压致裂原地应力测量以弹性力学为理论基础，由弹性理论可推导得到图中各应力分量计算式如下：

$$\left.\begin{aligned}
\sigma_{横} &= \frac{\sigma_H + \sigma_h}{2} - \frac{\sigma_H - \sigma_h}{2}\cos2\theta \\
\sigma_{纵} &= \frac{\sigma_H + \sigma_h}{2} + \frac{\sigma_H - \sigma_h}{2}\cos2\theta \\
\tau &= \frac{\sigma_H - \sigma_h}{2}\sin2\theta
\end{aligned}\right\} \qquad (1)$$

式中：σ_H、σ_h、$\sigma_{横}$、$\sigma_{纵}$、τ 和 θ 意义同前。

由式（1）可以看出，当 $\theta = 0$，也即硐轴线沿 σ_H 方向布置时，$\sigma_{横} = \sigma_h$，$\sigma_{纵} = \sigma_H$，$\tau = 0$，此时隧道侧向应力 $\sigma_{横}$ 和 τ 均取得最小值。

下面来分析隧道轴线横截面受力情况，隧道横截面上主要受侧向应力 $\sigma_{横}$ 和垂直应力 σ_V 的作用，简化如图 5 所示。

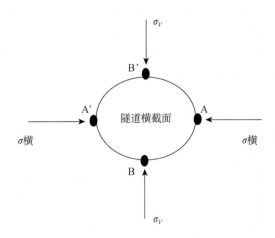

图 5　隧道轴线横截面应力示意图

孔壁上切向应力 σ_θ 的最大值位于 A 和 A' 点（$\sigma_横 < \sigma_V$ 时）或 B 和 B' 点（$\sigma_横 > \sigma_V$ 时）。

根据弹性力学，孔壁上切向应力的最大值如下式（2）：

$$\sigma_{\theta max} = \begin{cases} 3\sigma_横 - \sigma_V & (\sigma_横 \geqslant \sigma_V) \\ 3\sigma_V - \sigma_横 & (\sigma_横 < \sigma_V) \end{cases} \tag{2}$$

C12K 方案高黎贡山隧道五个测孔测量得到的最大水平主应力的优势方向为 N35° ~ 64°E，其优势方向的中心角度与隧道走向（N70°E）的交角约 20° 左右，并取隧道轴线附近实测应力值，即作为隧道轴线附近估测各主应力量值 σ_H、σ_V 与 σ_h 的最大、最小和垂直应力值，结合式（1）和（2），可以估测高黎贡山隧道轴线位置处的 $\sigma_横$、$\sigma_纵$、τ 值以及隧道轴线横截面上的最大切向应力 $\sigma_{\theta max}$，计算后并入数据表 3。

表 3　C12K 方案高黎贡山隧道轴线附近 σ_H、σ_h、σ_V、$\sigma_横$、$\sigma_纵$、τ 和 $\sigma_{\theta max}$ 值

钻孔编号	深度/m	σ_H	σ_h	σ_V	$\sigma_横$	$\sigma_纵$	τ	$\sigma_{\theta max}$
C12K-G-02	754	18 ~ 19	12 ~ 13	19	13.18	18.82	1.03	43.27
C12K-G-03	1051	27 ~ 28	19 ~ 20	25	20.93	27.06	2.57	60.26
C12K-G-04	911	23 ~ 24	15 ~ 17	23	17.81	23.18	2.24	51.72
C12K-G-07	697	15 ~ 17	11 ~ 13	17	14.00	16.00	1.73	34.00
C12K-G-08	770	19 ~ 21	12 ~ 14	19	14.81	20.18	2.25	45.73

注：表中 $\sigma_H = S_H$、$\sigma_h = S_h$、$\sigma_V = S_V$，工程中一般用 S_H、S_h、S_V 分别表示最大、最小水平主应力及垂直主应力，应力单位均为 MPa

3. 地应力状态与隧道横截面形状讨论

在最大水平主应力方向与隧道走向基本一致的前提下，当开挖隧道横截面顶板和侧壁的压应力值基本相等时，则是该应力状态的最佳形状。通常情况隧道横截面形状多为椭圆形，其长短轴之比等于原岩在隧道横断面上的两个主应力之比（谷成明等，2002）。

当最大水平主应力方向与隧道轴线走向基本一致时，隧道横截面长短轴之比，则可利用最小水平主应力和垂向主应力之比进行计算；若最大水平主应力方向与隧道轴线走向偏差较大时，可根据公式（1）先求出隧道侧壁上的应力值，再与垂向应力值进行对比，即隧道横断面上两个主应力之比（$\sigma_横/\sigma_纵$）。

下面根据实测结果对其进行分析：

C12K 方案中 5 个钻孔硐身附近的最大水平主应力方向为 N35° ~ 64°E，其优势方向与隧道走向（N70°E）的交角约 20° 左右。为了硐室围岩的稳定，在开挖过程中可通过改变隧道长短轴的比例调整其围岩的受力状态。由 5 个钻孔测试结果对比发现，垂向主应力均大于最小水平主应力，根据隧道横断面上水平主应力与垂向主应力之比，得出 C12K-G-02、C12K-G-03、C12K-G-04、C12K-G-07 和 C12K-G-08 的比值分别为 1:1.42、1:1.29、

1∶1.30、1∶1.14 和 1∶1.36，其最佳开挖形状应为 1∶1.3 的椭圆形，即隧道横截面长轴为垂直，短轴为水平，有利于隧道围岩的稳定。

4. 地应力状态与隧道岩爆分析

在深埋隧道开挖时一个特别要注意的、不能忽略的问题就是岩爆，研究认为引起岩爆的因素主要为岩石性质和围岩中的应力：普遍认为岩石性质是第一位，其本质是岩爆发生的内因；围岩应力是第二位，是其必要的条件，是岩爆的外因。我国《铁路工程地质勘查规范》条文说明（TB1002-2001，4.3.2）中也明确指出："围岩岩爆、大变形是深埋隧道施工中产生的两类不同变形形式的地质灾害。分析产生原因主要与地应力大小、围岩特征、地质构造特征有关"。

关于发生岩爆的临界判据，我国学者（谷成明等，2002）提出如下表达式：

$$\sigma_\theta \geq (0.19 \sim 0.40)\sigma_c \tag{3}$$

其中，σ_θ 为围岩切向应力；σ_c 为围岩的单轴抗压强度。式中括号内的系数值需要根据围岩应力的组合状态而定，取决于隧硐轴线截面内的最小与最大主应力值 σ_3、σ_1 之比，即 σ_3/σ_1 在不同围岩应力状态下岩爆的临界应力公式为：

A 状态　$\sigma_3/\sigma_1 = 0.00$，$\sigma_{1cr} = 0.188\sigma_c$
B 状态　$\sigma_3/\sigma_1 = 0.25$，$\sigma_{1cr} = 0.294\sigma_c$
C 状态　$\sigma_3/\sigma_1 = 0.50$，$\sigma_{1cr} = 0.360\sigma_c$
D 状态　$\sigma_3/\sigma_1 = 0.75$，$\sigma_{1cr} = 0.383\sigma_c$
E 状态　$\sigma_3/\sigma_1 = 1.00$，$\sigma_{1cr} = 0.402\sigma_c$

式中，σ_c 为岩石的单轴抗压强度；σ_{1cr} 为发生岩爆的临界应力。

由表 3 中的最大切向应力值 $\sigma_{\theta max}$，根据公式（3）可计算得到 C12K 方案各孔高黎贡山隧道轴线附近发生岩爆的可能性，见表 4。

表 4　C12K 方案高黎贡山隧道各孔硐身附近的应力状态

线路方案	钻孔编号	应力参数（MPa）		判据	判别结果
		σ_θ	σ_{1cr}		
C12K	C12K-G-02	43.27	30.64	$\sigma_\theta > \sigma_{1cr}$	具有产生岩爆的应力条件
	C12K-G-03	60.26	32.16	$\sigma_\theta > \sigma_{1cr}$	具有产生岩爆的应力条件
	C12K-G-04	51.72	30.64	$\sigma_\theta > \sigma_{1cr}$	具有产生岩爆的应力条件
	C12K-G-07	34.00	32.16	$\sigma_\theta > \sigma_{1cr}$	具有产生岩爆的应力条件
	C12K-G-08	45.73	30.64	$\sigma_\theta > \sigma_{1cr}$	具有产生岩爆的应力条件

由上述判据判断隧道轴线部位有可能产生岩爆。对于岩性软弱、裂隙发育的层段，存在断面收敛变形严重以及片帮和冒顶可能，施工中应采取相应的预防措施。

需指出的是，岩爆是一种复杂的地质现象，它的发生与岩石的力学性质、构造、地应力、隧硐形状、岩石完整性、开挖方式等多种因素有关，地应力只是其中的一个因素。

四、结果与讨论

本文介绍了大理—瑞丽铁路建设中，对该线路中一条埋深超过 1000m、长度近 40km 的隧道——高黎贡山越岭隧道开展的两个阶段的水压致裂法地应力测量工作。第一阶段对三个选线方案（CK、C1K、C4K）进行了 8 个钻孔的测量，根据所测地应力量值与方向进行了综合分析，认为 CK 方案较为理想；第二阶段对 CK 方案的优化方案——C12K 线路又进行了 5 个深钻孔的测量。

测量得到的三向主应力关系式基本为 $S_H \geqslant S_V > S_h$，地应力特征主要以水平构造应力为主。隧道硐身附近的最大水平主应力优势方向基本在北东至北东东变化。根据测量结果，对高黎贡山越岭隧道轴线走向、隧道断面形状的选取进行了讨论，预测了隧道开挖过程中发生岩爆的可能性，为隧道工程设计提供了合理的科学依据。

参 考 文 献

谷成明，侯发亮，陈成宗 . 2002. 秦岭隧道岩爆研究 . 岩石力学与工程学报，21（9）：1324～1329.

国际岩石力学学会试验方法委员会 . 1988. 确定岩石应力的建议方法 . 岩石力学与工程学报，7（4）：357～388.

侯明勋，葛修润，王水林 . 2003. 水力压裂法地应力测量中的几个问题 . 岩土力学，24（5）：840～843.

鄢家全，时振梁，汪素云，等 . 1979. 中国及邻区现代构造应力场的区域特征 . 地震学报，1（1）：9～24.

中国地震局地壳应力研究所、日本电力中央研究所 . 1999. 水压致裂裂缝的形成和扩展研究 . 北京：地震出版社 .

Hydraulic Fracturing Stress Measurements in Deep Boreholes and Its Application in Gaoligongshan Mountain Tunnel

Zhou Longshou　　Guo Qiliang　　Mao Jizhen

(Institute of Crustal Dynamics, CEA, Beijing 100085, China)

Abstract: In order to implement the national strategy to develop West China and to build the key communication infrastructures to connect the China main land with southwest Asia and South Asia, the government of Yunnan Province, jointly with the Ministry of Railway, is going to invest and build the Dali-Ruili railway with the total length of 350 km. This project is located in the Dian-Burma-Thailand Plate and Tengchong Block, which is close to the collision suture zone between the Indian Plate and the Eurasian Plate, and across the collision suture zone of Salween River. The block around the engineering project suffers the northward (by East) strong extrusion from the Indian Plate and the North-to-South (by East) strong wedging effect from the Tibet Plateau. This area is characterized by the complicated geological structures and strong neotectonic movement. Because of the complicated engineering geological conditions and in order to safeguard the design, construction and running of the railway tunnels, two stages of stress measurement campaigns were conducted for the engineering area of railway tunnels. During the first state, 8 stress measurement campaigns were carried out to help determine one best route design plan. During the second stage, 5 stress measurement campaigns were carried out to help understand the stress field around the engineering area very well. According to all the stress measurements, the stresses around the engineering area are favorable for strike slip faulting or normal faulting, i. e. SH ≥ SV > Sh. The horizontal stresses have more influences on the stability problem of tunnels, and the dominant orientation of the horizontal principal stress remains within NE to NEE.

Keywords: Dali-Ruili railway; hydro-fracturing stress measurement; Gaoligongshan deep and long tunnel

三维水压致裂原地应力测试技术新进展

邢博瑞[1,2]　王成虎[1]　陈永前[1]　宋成科[1]①

（1. 中国地震局地壳应力研究所　北京　100085）

（2. 中国地质大学工程技术学院　北京　100083）

摘　要　水压致裂法因其测量深度深等优点，被广泛应用于各类岩土工程及地震机理研究中。然而经典水压致裂法受其理论局限性，无法获得地应力的全应力张量。因此，近年来国内外学者将视线转移到了三维水压致裂原地应力测试技术的研究上，并获得了大量成果。本文对以往各类水压致裂原地应力测量技术资料进行整理，阐述了水压致裂法的发展历史，介绍三维水压致裂方法的最新进展，并对有关资料中的计算公式进行推导，为研究人员进一步了解水压致裂方法提供一些新的参考资料。

关键词　水压致裂　三维地应力测量　原生裂隙

一、引　言

蓄存在岩体内部未受到扰动的应力称之为地应力（geo-stress 或 in-situ stress）。地应力可以分为两类，即原地应力和诱发应力，其中原地应力主要来自五个方面：岩体自重、地质构造活动、万有引力、封闭应力和外部荷载。地应力具有多来源性且受到多种因素的影响，因此，地壳岩体内的地应力分布复杂多变。在水压致裂技术发明之前，科学家们主要使用应力解除法来测定原地应力，包括平面应力解除法、钻孔套芯应力解除法、扁千斤顶法等。Hubbert 等（1957）提出井孔液体压裂所产生的裂缝与岩体中所赋存的应力状态密切相关，并指出岩体压力并非处于静水压力状态。Scheidegger（1962）是第一位利用油井孔底压力曲线分析地壳应力的科学家。Fairhurst（1964）是第一位提出利用水压致裂技术来测量原地应力的科学家，并指出了水压致裂技术的诸多优点。Haimson 和 Fairhurst（1967）指出井壁上产生的裂缝与以下三个因素有关：①地壳应力；②水压致裂的液体压力与孔隙水压力之间的差应力；③岩体渗透的径向流量。这些理论分析奠定了经典水压致裂测试技术的理论基础。Haimson（1968）在其博士论文中对水压致裂原地应力测试技术从实验和理论两个方面进行了全面分析和完善。以上这些重要工作为将水压致裂原地应力测试技术应用于工程实践奠定了理论和实验基础。真正意义的应力测量工程实践是由 Von

① 作者简介：邢博瑞，男，硕士研究生，研究方向为工程区域稳定性分析及地应力测量。

　基金项目：国家自然科学基金（41274100）；中央级科研院所基本科研业务专项（ZDJ2012-20）资助。

Schonfeldt 和 Fairhurst（1972）领导的研究组在明尼苏达州的一个地下花岗岩岩体中展开的；随后，在兰吉利油田也开展了类似的应力测量和研究工作（Haimson，1972；Raleigh et al.，1976）。从此，水压致裂应力测量正式进入工程实践领域。1981 年，加利福尼亚蒙特里市召开了全球第一次水压致裂应力测量研讨会，水压致裂原地应力测试技术和方法逐渐被全球各行各业的科学家所认同。1987 年和 2003 年，国际岩石力学学会都把水压致裂原地应力测量方法作为一种主要的应力估算方法来推荐（Haimson et al.，2003），也奠定了水压致裂原地应力测量技术作为应力测试方法的重要地位。

中国的地应力测量工作稍迟于国外，20 世纪 50 年代末，李四光和陈宗基教授分别指导的地质力学所和三峡岩基专题研究组开始着手这项工作（刘允芳，2000）。1966 年我国邢台地震以后，李四光亲自组建专门队伍将地应力测量用于地震测报研究工作。1980 年 10 月，由李方全教授领导的研究组在河北易县首次成功地进行了水压致裂法地应力测量（李方全，1986），随后中国地震局地壳应力研究所研制成功轻便型水压致裂测量设备（谢富仁，2003）。水压致裂测试技术开始在中国水利、电力等多种行业得到广泛的应用推广。Kuriyagawa 等（1989）提出利用三个近似正交的钻孔开展水压致裂测试工作，可以计算测试区域的全应力张量；随后刘允芳（1991）将该方法介绍到中国，郭啟良（2004）则将该项测试技术推广到了地下工程领域。Cornet（1984；1986）提出了利用钻孔所揭露原生裂隙开展水压致裂测量来计算全应力张量的 HTPF 法（原生裂隙三维水压致裂法）。刘允芳（1999a）率先将该方法介绍到国内，但是由于该方法测试过程复杂，对原生裂隙的赋存状态要求很高，因此在中国没有得到很好的推广应用。

二、经典水压致裂法

1. 经典水压致裂法简介

水压致裂法测量系统如图 1 所示，一般通过封隔器封闭实验段并向其中注液，当岩壁承压达到最大值（即破裂压力 P_b）时，井壁沿最小阻力方向破裂，压力值骤降至保持裂隙张开的恒定值上。停止注液后，压力迅速下降，裂隙逐渐闭合，压力下降速度变缓，当裂隙处于临界闭合状态时，此时的压力值即为瞬时关闭压力 P_s。解除压力后，重新注液使裂隙张开，即可得到重张压力 P_r。最后通过印模器或井下电视即可得到破裂缝的方向（Amadei et al.，1997）。

经典水压致裂法是以弹性力学平面应变理论为基础，采用最大张应力强度破坏准则建立起来的测量方法，其有以下三个假设：①岩石是线性均质、各向同性的弹性体；②岩石为多孔介质时，流体在孔隙内的流动符合达西定律；③地应力有一个主应力方向与钻孔轴向平行（Haimson，1978；1982）。在上述理论和假设前提下，水压致裂的力学模型可简化为一个平面应力问题，如图 2 所示。

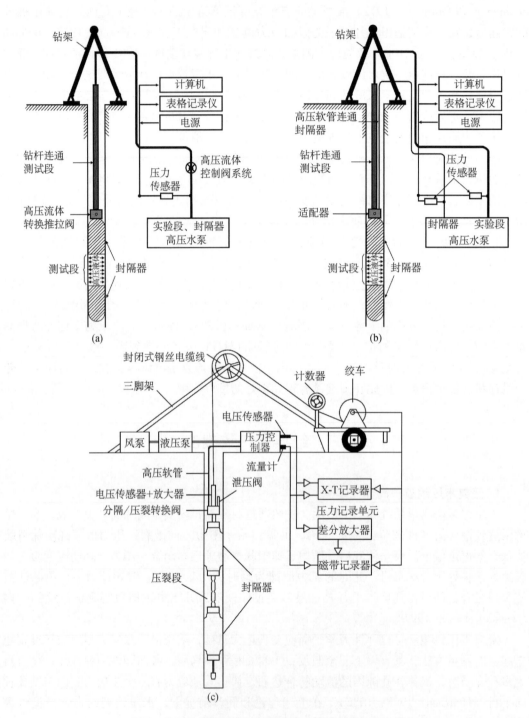

图 1　水压致裂原地应力测量系统（据王成虎，2012）

（a）钻杆式单回路水压致裂测量系统；（b）钻杆式双回路水压致裂测量系统；

（c）常用的缆线式水压致裂测量系统

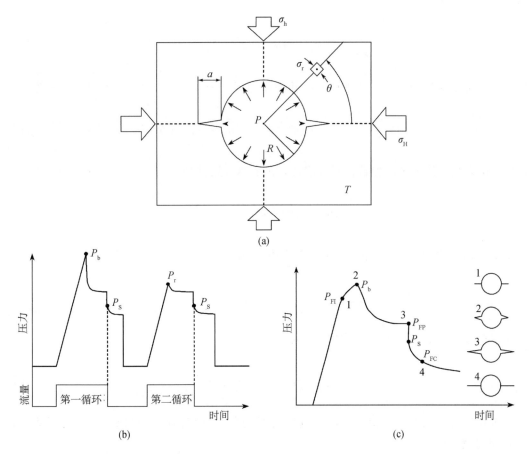

图 2　（a）水压致裂应力测量的力学模型；（b）水压致裂测试压力-时间曲线；（c）水压致裂
过程中第一个加压循环的孔壁破裂力学机理。图 c 中给出了起始压力（P_{FI}）、破裂压力（P_b）、
裂缝扩展压力（P_{FP}）、闭合压力（P_{FC}）及瞬时关闭压力（P_S）（Arno et al.，2009）

　　根据弹性理论，在具有地应力场的岩体中建造一个钻孔，向钻孔注液，钻孔岩壁的应
力状态为地应力产生的二次应力场与液压产生的附加应力的叠加，为：

$$\sigma_\theta = (\sigma_H + \sigma_h) - 2(\sigma_H - \sigma_h)\cos2(\theta - \alpha) - P_W \tag{1}$$

式中，σ_H、σ_h 分别为最大和最小水平主应力。当 $\theta = \alpha$ 或 $\theta = \pi - \alpha$ 时，孔壁切向应力最
小，为

$$\sigma_\theta = 3\sigma_h - \sigma_H - P_W \tag{2}$$

随着液压 P_W 逐渐增大，孔壁切向应力逐渐变为张应力，根据最大张应力强度破坏准则，
当此拉应力等于或大于围岩的抗拉强度 T 时，孔壁发生破坏，产生裂隙，此时的液压 P_W

即为破裂压力 P_b，为

$$P_b = 3\sigma_h - \sigma_H + T \tag{3}$$

当进行深部水压致裂时，需考虑原岩内孔隙压力 P_0。Haimson（1982）给出关系式为：

$$P_b - P_0 = (3(\sigma_h - P_0) - (\sigma_H - P_0) + T)/K \tag{4}$$

式中，K 为孔隙渗透弹性参数，对非渗透性岩石 $K = 1$，因此

$$P_b = 3\sigma_h - \sigma_H - P_0 + T \tag{5}$$

关泵后，瞬时关闭压力 P_S 等于最小水平主应力 σ_h

$$P_S = \sigma_h \tag{6}$$

根据式（6），最大水平主应力 σ_H 为

$$\sigma_H = 3P_S - P_b - P_0 + T \tag{7}$$

重复进行水压致裂实验时，由于围岩已经破裂，抗拉强度 T 可以忽略，此时重张压力 P_r 可表示为

$$P_r = 3\sigma_h - \sigma_H - P_0 \tag{8}$$

由此，最大水平主应力 σ_H 也可近似表示为

$$\sigma_H = 3P_S - P_r - P_0 \tag{9}$$

垂直应力 σ_v 由上覆岩体静岩压力表示

$$\sigma_v = \rho g d \tag{10}$$

式中，ρ 为上覆岩体容重，g 为重力加速度；d 为压裂段埋深。

弹性模型中假设没有任何钻孔液体渗入钻孔母岩。然而由于压力扩散作用会在钻孔周边产生附加应力扰动，因此在原地应力测量钻孔中，该项假设往往不能成立。Haimson 等（1967）对弹性模型进行了修正，认为岩层可以是多孔且可渗透的。修正后的多孔弹性水压致裂准则公式为：

$$P_W^{HF} - P_f = \frac{3\sigma_h - \sigma_H + T}{2 - \alpha\left(\dfrac{1 - 2v}{1 - v}\right)} \tag{11}$$

式中，P_W^{HF} 是钻孔孔壁裂缝诱发的临界流体压力；P_f 是岩层流体压力；α 是毕奥（Biot）常数；v 是岩石泊松比。$0 \leqslant \alpha \leqslant 1$，$0 \leqslant v \leqslant 0.5$。

2. 经典水压致裂法存在的问题

（1）水压致裂系统柔性对测试结果的影响。

Ito（1999，2006，2010）提出水压致裂系统柔性对测量、特别是最大水平主应力 σ_H 的计算具有很大的影响，并指出系统柔性主要跟以下因素有关：①高压软管弹性变形；②钻孔变形；③封隔器变形；④压裂液压缩。王成虎等（2012）指出对于钻杆式水压致裂系统，当测量深度小于100m时，封隔器变形量和流体压缩性对水压致裂系统柔性影响较大；当测量深度大于100m时，则主要受流体压缩性的影响。

在测量过程中，水压致裂系统柔性主要对增压过程影响较大，而由增压过程确定的应力参数有破裂压力 P_b 和重张压力 P_r。其中，由于 P_b 为压裂段破裂峰值，受系统柔性影响较小。若系统柔性过大，将对于准确判断重张压力 P_r 产生十分明显的影响。

（2）深孔测量问题。

水压致裂法一般选择在岩壁均质、完整的测试段进行压裂。然而，当所要测试的地区构造应力较大（特别是深孔）或地处活断层等处时，由于试验孔中液体渗入围岩的影响，利用水压致裂法及传统的 Hubbert 和 Willis 方程（1957）所求得的水平主应力参数将不准确。Haimson（1988）进行了一系列室内试验，模拟对具有初始孔隙水压的岩石进行水压致裂，结果表明，当压裂液允许进入围岩时，测量的破裂压力 P_b 与重张压力 P_r 较用传统方法的预测值 P_b 和 P_r 低。由于地壳深部地质环境复杂，进行深孔测量，对测试设备要求很高：封隔器需要具有高强度、高弹性和抗腐蚀性；同时随着深度增加，系统柔性随之增大，也会进一步影响测量结果的准确性。

（3）精度问题。

水压致裂法中，由于垂直应力 σ_V 和最小水平主应力 σ_h 不涉及岩石物理性质参数，测量误差认为在10%以内。最大水平主应力 σ_H 由于需要重张压力 P_r 或抗拉强度 T 等参数经过计算获得，其精度较低，认为在25%以内；然而在近地表的深山峡谷地区受地形及构造应力对地应力场的局部调整作用，其 σ_1 和 σ_2 不再是水平方向，σ_3 也亦非是垂直方向（刘世煌，1991）。同时谷底存在较大的应力集中区，由此产生的误差，往往要大于25%。

三、三维水压致裂法

由于经典水压致裂只能获得垂直于钻孔的平面二维应力，无法获得地应力的全应力张量。Kuriyagawa 等（1989）提出利用三个近似正交的钻孔解决三维水压致裂测试问题，国内刘允芳等（1991，2000）对此理论进行了补充和完善，并在水布垭水利枢纽等工程中进行了实践，取得了较为准确的实测数据。

1. 多孔交汇三维水压致裂法

以大地坐标系 $0-xyz$ 为固定坐标系，z 轴为垂直向上方向，x 轴为工程轴线方向，方位角为 β_0。以实际钻孔（编号为 i）坐标系 $0-x_iy_iz_i$ 为活动坐标系，钻孔倾角为 α_i，方位角为 β_i。钻孔坐标系与大地坐标系之间的关系如图 3 所示。对第 i 号钻孔进行经典水压致裂测量，可获得垂直其轴线的平面二维应力状态 σ_{xi}、σ_{yi} 和 τ_{xiyi}。通过应力分量坐标变换可得到

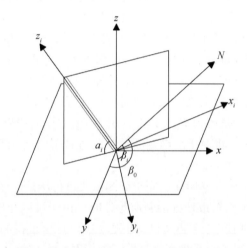

图 3　钻孔坐标系与大地坐标系的相对位置

$$\left.\begin{aligned}
\sigma_{xi} &= \sigma_x\sin^2(\beta_0-\beta_i) + \sigma_y\cos^2(\beta_0-\beta_i) - \tau_{xy}\sin2(\beta_0-\beta_i) \\
\sigma_{yi} &= \sigma_x\sin^2\alpha_i\cos^2(\beta_0-\beta_i) + \sigma_y\sin^2\alpha_i\sin^2(\beta_0-\beta_i) + \sigma_z\cos^2\alpha_i \\
&+ \tau_{xy}\sin^2\alpha_i\sin2(\beta_0-\beta_i) - \tau_{yz}\sin2\alpha_i\sin(\beta_0-\beta_i) \\
&- \tau_{xz}\sin2\alpha_i\cos(\beta_0-\beta_i) \\
\tau_{xiyi} &= 0.5(\sigma_x-\sigma_y)\sin\alpha_i\sin2(\beta_0-\beta_i) - \tau_{xy}\sin\alpha_i\cos2(\beta_0-\beta_i) \\
&+ \tau_{yz}\cos\alpha_i\cos(\beta_0-\beta_i) - \tau_{xz}\cos\alpha_i\sin(\beta_0-\beta_i)
\end{aligned}\right\} \quad (12)$$

由于其与钻孔垂直的平面内的次主应力 σ_{Ai} 和 σ_{Bi} 存在如下关系：

$$\left.\begin{aligned}
\sigma_{xi} + \sigma_{yi} &= \sigma_{Ai} + \sigma_{Bi} \\
\sigma_{xi} - \sigma_{yi} &= (\sigma_{Ai}-\sigma_{Bi})\cos2A_i \\
2\tau_{xiyi} &= (\sigma_{Ai}-\sigma_{Bi})\sin2A_i
\end{aligned}\right\} \quad (13)$$

式中 A_i 为在横截面上以钻孔坐标系轴 x_1 起逆时针方向到破裂缝的夹角。将式（12）代入式（13）得

$$\sigma_k^* = A_{k1}\sigma_x + A_{k2}\sigma_y + A_{k3}\sigma_z + A_{k4}\tau_{xy} + A_{k5}\tau_{yz} + A_{k6}\tau_{xz} \qquad (14)$$

式中，$k = 3(i-1) + m$，i 为测量钻孔编号，$i = 1$、2、$\cdots$、n，n 为测量钻孔总个数，$n \geqslant 3$，钻孔布置如图 4 所示；m 为每个测量孔相应于式（13）观测值第一、第二和第三式的编号，$m = 1$、2、3；σ_k^* 为观测值，A_{k1} 至 A_{k6} 为观测方程的应力系数，当 $j = 1$、2、3 时相应值如表1。

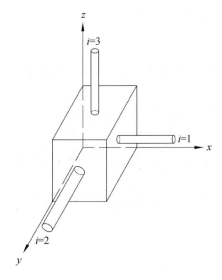

图 4　钻孔布置示意图

表1　$j = 1$，2，3 时的应力系数和观测值（据刘允芳，1991）

	$3(i-1) + 1$	$3(i-1) + 2$	$3(i-1) + 2$
A_{k1}	$1 - \cos^2\alpha_i \cdot \cos^2(\beta_0 - \beta_i)$	$1 - (1 + \sin^2\alpha_i) \cdot \cos^2(\beta_0 - \beta_i)$	$\sin\alpha_i \cdot \sin^2(\beta_0 - \beta_i)$
A_{k2}	$1 - \cos^2\alpha_i \cdot \sin^2(\beta_0 - \beta_i)$	$1 - (1 + \sin^2\alpha_i) \cdot \sin^2(\beta_0 - \beta_i)$	$-\sin\alpha_i \cdot \sin^2(\beta_0 - \beta_i)$
A_{k3}	$\cos^2\alpha_i$	$-\cos^2\alpha_i$	0
A_{k4}	$-\cos^2\alpha_i \cdot \sin^2(\beta_0 - \beta_i)$	$-(1 + \sin^2\alpha_i) \cdot \sin^2(\beta_0 - \beta_i)$	$-2\sin\alpha_i \cdot \cos^2(\beta_0 - \beta_i)$
A_{k5}	$-\sin^2\alpha_i \cdot \sin(\beta_0 - \beta_i)$	$\sin^2\alpha_i \cdot \sin(\beta_0 - \beta_i)$	$2\cos\alpha_i \cdot \cos(\beta_0 - \beta_i)$
A_{k6}	$-\sin^2\alpha_i \cdot \cos(\beta_0 - \beta_i)$	$\sin^2\alpha_i \cdot \cos(\beta_0 - \beta_i)$	$-2\cos\alpha_i \cdot \sin(\beta_0 - \beta_i)$
σ_k^*	$\sigma_{Ai} + \sigma_{Bi}$	$(\sigma_{Ai} - \sigma_{Bi})\cos^2 A_i$	$(\sigma_{Ai} - \sigma_{Bi})\sin^2 A_i$

　　分析式（14）可知，每进行一段水压致裂测试，若有破裂缝记录，可得到三个观测方程，否则可得到一个观测方程。多孔交汇三维水压致裂法由于至少要求三个以上不同方

位角的钻孔，故至少有九个观测方程，属于多值测量，利用最小二乘法可得应力分量最佳值正规方程。

$$
\begin{bmatrix}
\sum\limits_{k=1}^{n} A_{k1}^2 & \sum\limits_{k=1}^{n} A_{k2}A_{k1} & \cdots & \sum\limits_{k=1}^{n} A_{k6}A_{k1} \\
\sum\limits_{k=1}^{n} A_{k1}A_{k2} & \sum\limits_{k=1}^{n} A_{k2}^2 & \cdots & \sum\limits_{k=1}^{n} A_{k6}A_{k2} \\
\vdots & \vdots & \vdots & \vdots \\
\sum\limits_{k=1}^{n} A_{k1}A_{k6} & \sum\limits_{k=1}^{n} A_{k2}A_{k6} & \cdots & \sum\limits_{k=1}^{n} A_{k6}^2
\end{bmatrix}
\begin{Bmatrix}
\sigma_x \\ \sigma_y \\ \vdots \\ \tau_{xz}
\end{Bmatrix}
=
\begin{Bmatrix}
\sum\limits_{k=1}^{n} A_{k1}\sigma_k^* \\
\sum\limits_{k=1}^{n} A_{k2}\sigma_k^* \\
\vdots \\
\sum\limits_{k=1}^{n} A_{k6}\sigma_k^*
\end{Bmatrix}
\tag{15}
$$

通过式（15）可得到地应力的六个应力分量，即可求解三个主应力

$$
\begin{aligned}
\sigma_1 &= 2\sqrt{-\frac{P}{3}}\cos\frac{\omega}{3} + \frac{1}{3}J_1 \\
\sigma_2 &= 2\sqrt{-\frac{P}{3}}\cos\left(\frac{\omega + 2\pi}{3}\right) + \frac{1}{3}J_1 \\
\sigma_3 &= 2\sqrt{-\frac{P}{3}}\cos\left(\frac{\omega + 4\pi}{3}\right) + \frac{1}{3}J_1
\end{aligned}
\tag{16}
$$

式中

$$
\left.
\begin{aligned}
\omega &= \cos^{-1}\left(\frac{-\dfrac{Q}{2}}{\sqrt{-\left(\dfrac{P}{3}\right)^3}}\right) \\
P &= -\frac{1}{3}J_1^2 + J_2 \\
Q &= -\frac{2}{27}J_1^3 + \frac{1}{3}J_1J_2 - J_3
\end{aligned}
\right\}
\tag{17}
$$

式（16）和式（17）中，J_1、J_2、J_3 为应力张量的第一、第二和第三不变量，ω、P、Q 为计算过程中的中间变量。

主应力方向可由以下任意两式

$$\left.\begin{array}{l}(\sigma_x - \sigma_i)l_i + \tau_{xy}m_i + \tau_{xz}n_i = 0 \\ \tau_{xy}l_i + (\sigma_y - \sigma_i)m_i + \tau_{yz}n_i = 0 \\ \tau_{xz}l_i + \tau_{yz}m_i + (\sigma_z - \sigma_i)n_i = 0 \end{array}\right\} \tag{18}$$

和 $l_i^2 + m_i^2 + n_i^2 = 1$ 联立解得

$$\begin{array}{l}\alpha_{0i} = \sin^{-1} n_i \\ \beta_{0i} = \beta_0 - \sin^{-1}\dfrac{m_i}{\sqrt{1 - n_i^2}}\end{array} \tag{19}$$

式中，m_i 和 n_i 为主应力相对大地坐标系 Y 轴和 Z 轴的余弦，可由下式表示，式中 A、B、C 为计算中的中间变量。

$$\left.\begin{array}{l}m_i = B/\sqrt{A^2 + B^2 + C^2} \\ n_i = C/\sqrt{A^2 + B^2 + C^2} \\ A = \tau_{xy}\tau_{yz} - (\sigma_y - \sigma_i)\tau_{xz} \\ B = \tau_{xy}\tau_{xz} - (\sigma_x - \sigma_i)\tau_{yz} \\ C = (\sigma_x - \sigma_i)(\sigma_y - \sigma_i) - \tau_{xy}^2 \end{array}\right\} \tag{20}$$

通过多孔交汇的方式，使得水压致裂法测量三维地应力成为可能。然而，多孔交汇三维水压致裂法在实际测量中仍然有很大的限制：①在节理化程度较高的岩体中，此方法很难准确得到钻孔中的次主应力 σ_{Ai} 和 σ_{Bi}；②多孔交汇三维水压致裂法在高差应力的岩体中具有很好的适用性。然而在地应力状态相对均一的地区，岩壁破裂方向具有一定的随机性，很难得到沿最大次主应力方向延伸的裂缝；③由于非垂直孔钻孔方向很难与某一主应力的方向平行，测量过程中岩壁上将存在剪切应力，因此在非垂直孔中套用经典水压致裂测量公式所确定的次主应力 σ_{Ai} 和 σ_{Bi} 需要修正，且直接将破裂方向认为是最大次主应力也是不妥当的。

2. 原生裂隙三维水压致裂法（HTPF 法）

多孔交汇三维水压致裂法由于工程量较大，且精度较低，在实际操作中难度较大。Cornet 和 Valette（1989）受到经典水压致裂法关闭压力测试裂隙法向应力精度高这一特点的启发，提出了原生裂隙（三维）水压致裂法（HTPF）。在国内原生裂隙水压致裂法测试方面，李方全（1980）、刘允芳（2000）和陈群策（1998）等学者都进行了实践，并取得了一些研究成果。

以原生裂隙结构面（序号为 j）走向为轴 x_j、倾向为轴 y_j、并将与走向垂直的线为轴 z_j 建立活动坐标系 $0 - x_j y_j z_j$，结构面倾角为 α_j、走向为 β_j。钻孔坐标系与大地坐标系之间的关系如图 5 所示。

选取钻孔原生裂隙段进行测试，当裂隙重张时，裂隙面上法向应力 σ_{yj} 与瞬间关闭压力 P_{sj} 平衡，如图 6。

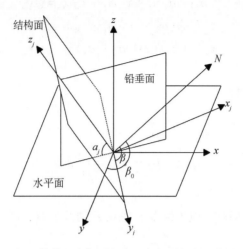

图5 结构面坐标系与大地坐标系的相对位置

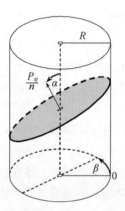

图6 原生裂隙重张示意图 (据 Arno, 2009)

$$\sigma_{yj} = P_{sj} \tag{21}$$

经应力分量坐标转换到大地坐标系可得以下关系式

$$\begin{aligned}
\sigma_{yj} = &\sigma_x \sin^2\alpha_j \sin^2(\beta_0 - \beta_j) + \sigma_y \sin^2\alpha_j \cos^2(\beta_0 - \beta_j) + \sigma_z \cos^2\alpha_j \\
&- \tau_{xy} \sin^2\alpha_j \sin2(\beta_0 - \beta_j) + \tau_{yz} \sin2\alpha_j \cos(\beta_0 - \beta_j) \\
&- \tau_{xz} \sin2\alpha_j \sin(\beta_0 - \beta_j)
\end{aligned} \tag{22}$$

分析式 (22) 可知，每进行一段不同产状的原生裂隙水压致裂测试，可获得一个独立的观测方程，只需对六段或六段以上不同产状的原生裂隙进行重张实验，即可确定三维地应力状态。由此可将式（22）改写为下式，其中各个应力系数和观测值如表2所示：

$$P_{sj} = A_{j1}\sigma_x + A_{j2}\sigma_y + A_{j3}\sigma_z + A_{j4}\tau_{xy} + A_{j5}\tau_{yz} + A_{j6}\tau_{xz} \tag{23}$$

表 2 原生裂隙水压致裂应力系数和观测值

A_{j1}	A_{j2}	A_{j3}	A_{j4}
$\sin^2\alpha_j \cdot \sin^2(\beta_0 - \beta_j)$	$\sin^2\alpha_j \cdot \cos^2(\beta_0 - \beta_j)$	$\cos^2\alpha_j$	$-\sin^2\alpha_j \cdot \sin^2(\beta_0 - \beta_j)$
A_{j5}	A_{j6}	P_{sj}	
$\sin^2\alpha_j \cdot \cos(\beta_0 - \beta_j)$	$-\sin^2\alpha_j \cdot \sin(\beta_0 - \beta_j)$	σ_{yj}	

然而，在实际计算中，由于测量过程中存在误差，仅用六段原生裂隙来进行计算，有可能造成计算机计算无法收敛，所得到的各应力量值与实际值之间存在很大差距。在此，Cornet建议最少选用七段原生裂隙数据进行计算，选用八至九段各参数不同的原生裂隙数据计算，得到的结果可靠性较高。

HTPF法巧妙地采用岩体内固有的破裂面，使得水压致裂法不受岩体完整程度的限制，大大拓展了水压致裂法的应用范围。同时HTPF法中，仅有精度较高的关闭压力 P_{sj} 参与计算，提高测量精度。然而HTPF法测量过程较经典水压致裂法复杂许多，测量过程中需要对每条裂隙进行精确定位，且对原生裂隙的赋存状态要求很高。在同一个钻孔内寻找不同产状的原生裂隙难度非常高，根据王成虎等人（2007）的钻孔电视测试结果可知，同一钻孔所揭露的原生裂隙产状均为区域优势方位；不同原生裂隙的赋存状态不尽相同，预压原生裂隙附近可能存在其他裂隙，对预压裂隙的封隔加压很难保证将该裂隙独立分隔开来，因而得到的水压致裂数据不能说明问题；同时，保证测量过程中没有液体渗入裂隙内亦很困难，前面提到，当压裂液渗入围岩时，水压致裂精度将降低。Cornet（1997）、刘亚群（2007）和景锋（2009）等提出使用HTPF法时，当原生裂隙间垂直距离超过50m时，需要考虑应力梯度的影响。

3. 原生裂隙三维水压致裂法的改进

刘允芳（1999a，b）在原生裂隙水压致裂法的基础上，提出可以采用钻孔完整岩体段的经典压裂试验与原生裂隙段的重张试验相结合的测量方法。

钻孔完整岩体段的经典压裂试验采用 $0 - x_iy_iz_i$ 钻孔坐标系为活动坐标系，并获得该坐标系下钻孔横截面上的二维应力状态，通过应力分量坐标变换到大地坐标系，其观测方程仍用式（14）表示，原生裂隙水压致裂试验的观测值方程仍由式（23）表示。两种观测方程联立即为此方法的观测方程。

当独立的观测方程数超过六个未知量时，可采用式（15）至式（17）所示的最小二乘法求解应力分量的最佳值。

当钻孔为铅垂孔时，取钻孔坐标系 $0 - x_iy_iz_i$ 与大地坐标系 $0 - xyz$ 重合，则式（22）中，$\sigma_x = \sigma_{x1}$，$\sigma_y = \sigma_{y1}$，$\tau_{xy} = \tau_{xy1}$，即可确定三个未知量，剩余三个未知量可由三个以上不同产状的原生裂隙水压致裂确定。此时，式（23）可改写为

$$P_{sj}^* = A_3 \sigma_z + A_{j5} \tau_{yz} + A_{j6} \tau_{xz} \tag{24}$$

式中，$P_{sj}^* = P_{sj} - (A_{j1}\sigma_x + A_{j2}\sigma_y + A_4 \tau_{xy})$。

独立的观测方程数超过三个未知量时，其正规方程为

$$\begin{bmatrix} \sum\limits_{j=1}^{n} A_{j3}^2 & \sum\limits_{j=1}^{n} A_{j5}A_{j3} & \sum\limits_{j=1}^{n} A_{j6}A_{j3} \\ \sum\limits_{j=1}^{n} A_{j3}A_{j5} & \sum\limits_{j=1}^{n} A_{j5}^2 & \sum\limits_{j=1}^{n} A_{j6}A_{j5} \\ \sum\limits_{j=1}^{n} A_{j3}A_{j6} & \sum\limits_{j=1}^{n} A_{j5}A_{j6} & \sum\limits_{j=1}^{n} A_{j6}^2 \end{bmatrix} \begin{Bmatrix} \sigma_z \\ \tau_{yz} \\ \tau_{xz} \end{Bmatrix} = \begin{Bmatrix} \sum\limits_{j=1}^{n} A_{j3}P_{sj}^* \\ \sum\limits_{j=1}^{n} A_{j5}P_{sj}^* \\ \sum\limits_{j=1}^{n} A_{j6}P_{sj}^* \end{Bmatrix} \tag{25}$$

刘允芳（2006）进一步改进了原生裂隙水压致裂法，提出裂隙重新张开时，裂隙面上剪应力应为 0，此时的应力状态应为

$$\left.\begin{aligned} \sigma_{yj} &= P_{sj} \\ \tau_{xjyj} &= 0 \\ \tau_{yjzj} &= 0 \end{aligned}\right\} \tag{26}$$

通过应力分量坐标转换到大地坐标系可得

$$\left.\begin{aligned} & \left[\sigma_x\sin^2(\beta_0-\beta_j) + \sigma_y\cos^2(\beta_0-\beta_j) - \tau_{xy}\sin2(\beta_0-\beta_j)\right]\sin^2\alpha_j \\ & + \sigma_z\cos^2\alpha_j + \left[\tau_{yz}\cos(\beta_0-\beta_j) - \tau_{xz}\sin(\beta_0-\beta_j)\right]\sin2\alpha_j = P_{sj} \\ & \left[-0.5(\sigma_x-\sigma_y)\sin2(\beta_0-\beta_j) + \tau_{xy}\cos2(\beta_0-\beta_j)\right]\sin^2\alpha_j + \left[\tau_{yz}\sin(\beta_0-\beta_j)\right. \\ & \left. + \tau_{xz}\cos(\beta_0-\beta_j)\right]\cos\alpha_j = 0 \\ & -0.5\left[\sigma_x\sin^2(\beta_0-\beta_j) + \sigma_y\cos^2(\beta_0-\beta_j) - \sigma_z - \tau_{xy}\sin2(\beta_0-\beta_j)\right]\sin2\alpha_j \\ & - \left[\tau_{yz}\cos(\beta_0-\beta_j) - \tau_{xz}\sin(\beta_0-\beta_j)\right]\cos2\alpha_j = 0 \end{aligned}\right\} \tag{27}$$

分析方程组（26）可知，每进行一段原生裂隙水压致裂测试，可获得三个观测值方程。只要在两个或两个以上不同产状的原生裂隙段上进行重张试验，即可确定三维地应力状态。然而与前面提到的结果类似，仅以两段原生裂隙数据进行计算很难得到理想的数据，在此，笔者建议利用四至五段原生裂隙数据进行计算较为妥当。

通过近些年的理论发展，HTPF 法对裂隙赋存条件的依赖程度大大降低，由最开始需要至少六条原生裂隙到现在只需要两条原生裂隙就可以计算出三维应力状态。但是 HTPF 法在不断改进的过程中，也加入了一些新的假设，其测量精度还有待实践的检验。

四、讨论与总结

三维水压致裂法是对经典水压致裂的一种创新，使得利用水压致裂法测量地应力全应力张量成为可能，极大地扩大了水压致裂法的应用范围。同时原生裂隙水压致裂法对假设条件进行了简化，使得测量结果更加贴近真实情况，并在刘允芳等学者的努力下，该方法对实测数据的需要量大大减少，缩减了实测工作量，使该方法更具有实际可操作性。

然而，三维水压致裂法仍然具有一定的不足。首先，该方法来源于经典水压致裂法，不可避免地要受到经典水压致裂法一些缺陷的制约。如对压裂特征参数的确定具有一定的人为因素；水压致裂法采用最大单轴拉应力破裂准则，没有考虑轴向应力 σ_z 和径向应力 σ_r 对孔壁围岩的约束效应，所得到的结果需要校核和修正（刘允芳，1999b）。原生裂隙水压致裂法虽具有一定优点，但是原生裂隙段的选取却相对较难，需要对一系列不同产状的原生裂隙分别测量才能得出较好的结果，并且原生裂隙法在发展简化过程中，又对地应力状态增加了新的假定，其测量精度需要进一步检验。

参 考 文 献

陈群策，安美建，李方全 . 1998. 水压致裂法三维地应力测量的理论探讨 ［J］. 地质力学学报，4（1）：37~43.

郭啟良，丁立丰 . 2004. 岩体力学参数的原地综合测试技术与应用研究 ［J］. 岩石力学与工程学报，23（23）：3928~3931

景锋 . 2009. 原生裂隙水压致裂法三维地应力测量研究 ［J］. 岩土工程学报，31（11）：1692~1696.

李方全 . 1980. 谈谈水压致裂法 ［J］. 地震战线，2（6）：14~21.

李方全，翟青山，毕尚煦，等 . 1986. 水压致裂法原地应力测量及初步结果 ［J］. 地震学报，8（4）：431~438.

刘允芳 . 1991. 水压致裂法三维地应力测量 ［J］. 岩石力学与工程学报，10（3）：246~256.

刘允芳，刘元坤 . 1999a. 水压致裂法三维地应力测量方法的研究 ［J］. 地壳形变与地震，19（3）：64~71.

刘允芳 . 1999a. 水压致裂法三维地应力测量若干问题的探讨 ［J］. 地震研究，22（3）：266~271.

刘允芳 . 2000. 岩体地应力与工程建设 ［M］. 武汉：湖北科学技术出版社 .

刘允芳，刘元坤 . 2006. 单钻孔中水压致裂法三维地应力测量的新进展 ［J］. 岩石力学与工程学报，25（2）：3816~3822.

刘世煌 . 1991. 试谈在峡谷地区用水压致裂法测量原始地应力的精度 ［J］. 西北水电，3：48~51

刘亚群，李海波，景锋 . 2007. 考虑应力梯度的原生裂隙水压致裂法地应力测量的原理及工程应用 ［J］. 岩石力学与工程学报，26（6）：1145~1149.

王成虎，郭啟良，陈群策，等 . 2007. 新一代超声波钻孔电视及其在工程勘察中的应用研究 ［J］. 地质与勘探，43（1）：98~101

王成虎，宋成科，邢博瑞 . 2012. 水压致裂应力测量系统柔性分析及其对深孔测量的影响 ［J］. 现代地质，26（4）：808~816.

谢富仁，陈群策，崔效锋，等 . 2003. 中国大陆地壳应力环境研究 ［M］. 北京：地质出版社：1~100.

Arno H W Zang, Ove J Stephansson. 2009. Stress Field of the Earth's Crust [M]. London: 141~151

Amadei B, Stephansson O. 1997. Rock stress and its measurement [M]. London: Chapman&Hall, 1~50.

Cornet F H, Valette B. 1984. In-situ stress determination from hydraulic injection test data [J]. Journal of Geophysical Research, 89 (B13): 11527~11537.

Cornet F H. 1986. Stress determination from Hydraulic Test on Pre-existing Fractures—the HTPF method [M]. Proceedings of the International Symposium on Rock Stress and Rock Measurements. Lulea: Centek Publication: 301~312.

Cornet F H, Valette B. 1989. In-situ stress determination from hydraulic injection test data [J]. Journal of Geophysical Research, 13: 11527~11537.

Cornet F H, Wileveau Y, Bert B, et al. 1997. Complete stress determination with the HTPF tool in a mountainous region [J]. International Journal of Rock Mechanics & Mining Sciences, 34 (3/4): 497.

Fairhurst C. 1964. Measurement of in situ rock stresses with particular references to hydraulic fracturing [J]. Rock Mechanics and Engineering Geology, 2: 129~147.

Haimson B C, Fairhurst C. 1967. Initiation and extension of hydraulic fractures in rocks [J]. Society of Petroleum Engineers Journal, 9: 310~318.

Haimson B C. 1968. Hydraulic fracturing in porous and nonporous rock and its potential for determining in situ stresses at great depth [D]. Twin Cities: University of Minnesota, 1~50.

Haimson B C. 1972. Earthquake related stresses at Rangely, Colorad [M]. The American Society of Civil Engineers. The 14th U. S. Symposium on Rock Mechanics. University Park: The American Society of Civil Engineers, 689~708.

Haimson B C. 1978. The hydrofracturing stress measuring method and recent field results [J]. International Journal of Rock Mechanics & Mining Sciences, 15: 167~178.

Haimson B C, F Rumel. 1982. Hydrofracturing stress measurements in the IRDP drill hole at Reydarfjordur, Iceland [J]. Journal of Geophysical Research, 87 (8): 6631~6649.

Haimson B C. 1988. Status of in situ stress determination methods [C]. The 29th U. S. Symposium on Rock Mechanics (USRMS): 74~83

Haimson B C, Cornet F H. 2003. ISRM suggested methods for rock stress estimation——Part 3: hydraulic fracturing (HF) and/or hydraulic testing of preexisting fractures (HTPF) [J]. International Journal of Rock Mechanics & Mining Sciences, 40 (7/8): 1011~1020.

Hubbert K M, Willis D G. 1957. Mechanics of hydraulic fracturing [J]. Petroleum Science and Technology, 210: 153~166.

Ito T, Evansb K, Kawaia K, et al. 1999. Hydraulic fracture reopening pressure and the estimation of maximum horizontal stress [J]. International Journal of Rock Mechanics and Mining Sciences, 36 (5/6): 811~826.

Ito T, Igarashi A, Kato H, et al. 2006. Crucial effect of system compliance on the maximum stress estimation in the hydrofracturing method: Theoretical considerations and field-test verification [J]. Earth Planets Space, 58: 963~971.

Ito T, Satoh T, Kato H. 2010. Deep rock stress measurement by hydraulic fracturing method taking account of system compliance effect [M] //Xie Furen. Proceedings of the 5th International Symposium on In-situ Rock Stress. Boca Raton: CRC Press: 43~49.

Kuriyagawa M, Kobayashi H, Matsunaga I, et al. 1989. Application of hydraulic fracturing to three dimensional in situ stress measurement [J]. International Journal of Rock Mechanics & Mining Sciences, 26 (6):

587～593.

Raleigh C B, Healy J H, Bredehoeft J D. 1976. An experiment in earthquake control at Rangely, Colorado [J]. Science, 191: 1230～1237.

Scheidegger A E. 1962. Stresses in the Earth's crust as determined from hydraulic fracturing data [J]. Geologie und Bauwesen, 27: 45～53.

Von Schonfeldt H, Fairhurst C. 1972. Field experiments on hydraulic fracturing [J]. Society of Petroleum Engineers, American Institute of Mining Engineers Journal, 12: 1234～1232.

New Advance of Three-dimensional Hydraulic Fracturing Technique

Xing Borui[1,2]   **Wang Chenghu**[1]   **Chen Yongqian**[1]   **Song Chengke**[1]

(1. Institute of Crustal Dynamics, CEA, Beijing 100085, China)

(2. College of Engineering and Technology, China University of Geosciences, Beijing 10083, China)

Abstract: Hydraulic fracturing technique has measuring depth and other advantages and is widely used in many kinds of geotechnical engineering and earthquake mechanism studies. However, the classical hydraulic fracturing is limited by its theory, and unable to obtain the stress tensor of crustal stress. In recent years, the domestic and foreign researchers move to the study of three-dimensional hydraulic fracturing, and obtained a large number of research results. In this paper, the authors collected various types of hydraulic fracturing data, described the history of the development of hydraulic fracturing technique, introduces the latest progress of three-dimensional hydraulic fracturing technique, and deduced the calculating formula, help researchers to further understand the hydraulic fracturing method.

Key words: hydraulic fracturing; 3D geostress measurement; pre-existing fissures

基于纹理与几何特征的高分辨率
遥感影像建筑物提取[①]

李　强[1,2]　张景发[2]

（1. 中国地质大学地球物理与空间信息学院　武汉　430074）
（2. 中国地震局地壳应力研究所　北京　100085）

摘　要　突发性大地震往往造成建筑物的大面积损毁，高分辨率遥感影像具有较为丰富的空间分布及形状组合信息，利用纹理与几何特征相结合可准确提取建筑物信息。基于纹理特征和光谱特征进行聚类分析，将影像分为建筑物区域和非建筑物区域，然后选取合适的几何形状特征参数，剔除建筑物区域中错分信息，获取完整的建筑物信息，为震后建筑物信息统计分析提供决策支持。实验结果表明，该方法可以提取建筑物分布信息，具有较高的识别率和较低的错分率。

关键词　纹理特征　几何特征　高分辨率遥感影像　建筑物

一、引　言

突发性的大地震会对人民的生命财产造成巨大的灾害，其中建筑物损毁及完好情况的调查对于震灾分析尤为重要，传统的统计是人为实地勘察，费时费力，随着 QuickBird 等高分辨率遥感卫星的发射，大面积获取高分辨率的遥感影像为影像解译及信息提取提供了新的途径。高分辨率遥感影像不仅具有一定的光谱信息和纹理信息，还可以表达地物目标的形状、空间分布和空间结构特征，具有图谱合一的特点（骆剑承等，2009），在建筑物信息识别与提取地物目标等方面有着广泛的应用。

建筑物提取是计算机视觉、数字图像处理、人工智能和遥感信息处理与分析等领域的重要研究内容。曾齐红等（2011）利用激光雷达（LIDAR）点云数据进行复杂建筑物重建；翟永梅等（2011）利用差值分割技术提取基于区域的遥感影像中的建筑物信息；谭衢霖（2010）利用知识规则的面向对象方法来提取建筑物信息；吴炜等（2012）利用光谱信息和形状特征相结合的方法提取建筑物信息；龚丽霞等（2013）利用面向对象的方法提取震害房屋变化信息。上述应用从不同角度研究了建筑物的提取，取得了较好成果，但是也存在着一定的缺点，如对数据精度要求太高；面向对象最优分割阈值的选择较难；

① 作者简介：李强，男，硕士研究生，主要从事遥感信息提取研究。
　　基金项目： 国家高技术研究发展计划（863、课题号 2012AA121304）和高分光学卫星遥感地震应急技术研究（课题号 E0205/1112/9）。

不能充分利用遥感影像表现的图谱合一的特点等问题。

　　本文以玉树震区高分辨率的遥感影像为研究对象，提取光谱和纹理特征，利用聚类方法将影像分为建筑物类与非建筑物类，然后利用建筑物在影像中的几何特征提取最终建筑物信息。

二、方法与流程

　　建筑物在高分辨率影像中表现出明显的光谱特征、纹理特征和几何形状特征。本文首先根据纹理特征和光谱特征对影像进行聚类，然后利用几何形状特征提取建筑物信息，方法技术流程见图1。

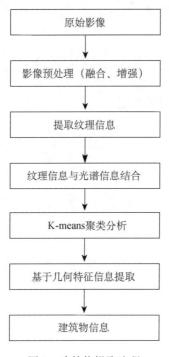

图1　建筑物提取流程

1. 建筑物纹理特征提取

　　遥感影像中，纹理信息表现为图像灰度在空间上的变化和重复或图像中反复出现的局部模式及其排列规则，原始影像光谱信息加上纹理信息可以提高影像分析的准确性（Barald I A，et al.，1995）。本研究利用灰度共生矩阵来描述纹理特征。

　　灰度共生矩阵是像素距离和角度的矩阵函数，它通过计算图像中一定距离和一定方向的两点灰度之间的相关性，来反映图像在方向、间隔、变化幅度及快慢上的综合信息（王慧敏等，2011），能较好地反映纹理灰度级相关性的规律。通常利用共生矩阵计算得到反映矩阵状况的参数来描述纹理状况，描述纹理特征及特点的参数主要有均值（Mean）、标准差（Variance）、熵（Entropy）、对比度（Contrast）、差异性（Dissimilarity）等指标。通过比较分析，本研究选取均值、标准差、对比度、差异性四个纹理特征进行研究，具体定义如下：

（1）均值（Mean）。

$$ME = \sum_{i,j=0}^{N=J} i \times P_{i,j}$$

它反映了图像灰度的局部变化情况。

（2）协方差（Variance）。

$$VA = \sum_{i,j=0}^{N-1} i \times P_{i,j}(i - ME)^2$$

（3）差异性（Dissimilarity）。

$$DI = \sum_{i,j=0}^{N-1} i \times P_{i,j} |i - j|$$

（4）对比度（Contrast）。

$$CON = \sum_{n=0}^{N-1} n^2 \left\{ \sum_{i=0}^{N-1} \sum_{\substack{j=0 \\ |i-j=n|}}^{N-1} P_{i,j} \right\}$$

以上各式中，i，$j=0$，1，2，3……$N-1$，N 为图像灰度级数，$P_{i,j}$ 代表从图像灰度为 i 的像素出发，统计与距离为 δ、灰度为 j 的像素出现的概率。

2. K-means 聚类分析

影像中的纹理特征和光谱特征，在特征相似的区域可表示为同类区域，可利用聚类分析算法进行聚类，获得建筑物和非建筑物区域。本文采用的聚类分析算法是 K-means 算法。

K-means 算法是聚类分析算法的代表，其简单快速的特性受到普遍关注。K-means 算法以 K 为参数，把 N 个对象分为 K 个簇，以使簇内具有较高的相似度（范阿琳等，2012）。首先随机选择 K 个对象，每个对象初始地代表一个簇的平均值或中心。对剩余的每个对象根据其与各个簇中心的距离，将它赋给距离最近的簇。然后重新计算每个簇的平均值，这个过程不断重复，直到准则函数收敛。

本文中利用 K-means 算法区分建筑物与非建筑物，因此 K 取值为 2。

3. 基于形状特征提取建筑物

高分辨率遥感影像提供了大量的地表特征信息，使得同一种地物类别内部组成要素的细节信息得到表征，并使地物的尺寸、形状及相邻地物的拓扑关系得到更好的反映。但是，根据聚类分析得到的建筑物类别中仍包含有错分为建筑物的信息，根据建筑物的形状特征将其剔除，获取真实建筑物类别。反映建筑物几何关系的特征主要有面积、边界长度、长宽比、体积等。这些特征一般是以像元为单位，在像元的基础上运算而来，如面积特征是指每个对象内包含的总像元的面积之和。本文选取的几何特征信息有面积（Area）、矩形度（Rectangular Degree）。

（1）面积（Area）。

建筑物的面积不会特别小，因此可以设置一定的面积阈值，去除面积较小的建筑物分类，并且能起到滤除影像中噪声影响的作用。

（2）矩形度（Rectangular Degree）。

矩形度是用来描述建筑物矩形程度的一个量，建筑物形状比较规则，大部分表现为矩形。本文中的矩形度采用矩形拟合因子 $SI_1 = A_0 / A_R$ 来表示，其中 A_0 为该建筑物的面积，A_R 是它外包矩形的面积，SI_1 反映建筑物对它的外包矩形的拟合程度。房屋的矩形拟合因子取值范围一般为 $0 \sim 1$，值越大表示建筑物越接近矩形。可利用拟合因子剔除形状不规则的信息。

三、实验与分析

1. 实验

选取玉树地区结古镇 2010 年 10 月 QuickBird 影像为研究对象，影像大小为 1741 × 1738，影像分辨率为 0.6m。结古镇位于玉树 7.1 级地震震中，地震发生后，研究区建筑物遭受了巨大的破坏，房屋倒塌达八成，是受灾较严重的地区之一。倒塌建筑物与完好建筑物在遥感影像上的光谱信息和纹理信息具有较大的不同之处，可以利用其提取完好建筑物以便震后统计分析。

利用遥感处理软件 ENVI 提取影像纹理信息，其中移动窗口为 5 ×5，移动步长为 1，移动方向为 0°。光谱选择原始影像的 R、G、B 波段，面积阈值选择为 100，建筑物形状多样，矩形拟合因子为 0.4 ~1。根据以上纹理及形状特征，实现建筑物信息的提取。

图 2 （a） 为 QuickBird 2.4m 多光谱与全色波段经过 IHS 融合得到的影像，IHS 是亮度（Intensity）、色度（Hue）、饱和度（Saturation）的英文缩写。图 2 （b） 至图 2 （d）分别为提取的协方差、差异性、对比度纹理特征影像，图 2 （e） 为根据聚类分析得到的影像，图 2 （f） 为基于形状特征提取的建筑物影像。

为了验证算法提取建筑物的有效性，选取 2010 年 3 月玉树地区先锋村 QuickBird 影像，影像大小为 1500 ×1800，影像分辨率为 0.6m，分别提取影像的均值、标准差、协方差、对比度，结合影像的光谱信息，按照上面的算法流程进行建筑物提取，提取结果及原始影像见图 3。

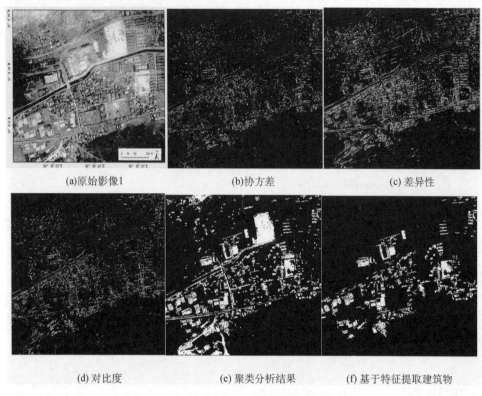

(a)原始影像1　　　　　　(b)协方差　　　　　　(c) 差异性

(d) 对比度　　　　　　(e) 聚类分析结果　　　　　　(f) 基于特征提取建筑物

图 2　玉树结古镇建筑物提取

(a) 原始影像2　　　　　　　　　　(b)建筑物提取结果

图 3　先锋村建筑物提取

2. 实验结果分析

根据以上算法流程，获取结果见图 2。由图 2（b）至图 2（d）可以看出，提取的建筑物纹理信息与周围其它地物信息有明显的差异，将纹理信息加入到建筑物提取中，可以提高建筑物提取的精度。由图 2（e）可以看出，经过聚类分析，建筑物全部提取出来，其它的地物信息已经被剔除，但是会存留一些细小的斑点及噪声。最后基于几何特征提取建筑物，滤除面积较小的斑点及形状不规则的类别，由图 2（f）可以看出，噪声影响较小并且提取的建筑物较规整。

在信息提取和目标识别领域，采用 TP 表示经算法检测为目标物且经验证为目标物的数目；TN 表示经算法检测为非目标物但经验证为目标物的数目；FP 是经算法检测为目标物而经验证为非目标物的数目；FN 表示经算法检测为非目标物而经验证为目标物的数目（吴炜，2012）。

对图 2 中原始影像 1 和图 3 中的原始影像 2 分别进行目视解译，提取建筑物数目并对其进行统计，得到漏提取、误提取、目视解译、正确提取的结果如表 1。从中可以看出建筑物的识别率较高。分析原始影像 1 漏提取和误提取结果可知，漏提取主要分布在影像的左上角，左上角因为有少量的云层分布及部分倒塌建筑物，影响建筑物的提取效果，主要因为运动场分布及其建筑工地的沙堆或渣土等分布造成建筑物的误提取。

表 1　提取效果指标

原始影像	正确提取（TP）	漏提取（TN）	误提取（FP）	目视解译（FN）
1	239	24	37	263
2	275	22	19	297

四、结　　语

震区建筑物在地震发生之后，其波谱特征在影像上有明显的变化，表现为屋顶光谱多样，难以利用单一光谱特征表示，本文采用基于纹理和光谱特征的聚类分析算法实现了高分辨率遥感影像建筑物的信息提取，充分利用了影像中建筑物信息的纹理和光谱特征，其次利用建筑物的几何特征，将非建筑物信息剔除，得到震区建筑物信息。结果表明结合建筑物的光谱和纹理特征信息进行聚类，然后利用几何形状信息，在像素级进行信息提取也能取得较好的精度。震区建筑物信息高精度的提取，可为震后灾害评估部门提供决策上的支持。

参　考　文　献

范阿琳，任树华．2012．一种融合变异系数的 K-means 聚类分析方法［J］．计算机工程与应用，48（35）：114～117．

龚丽霞，李强，张景发，等 . 2013. 面向对象的房屋震害变化检测方法 . 地震，33（2）：109~114.

骆剑承，周成虎，沈占锋 . 2009. 遥感信息图谱计算的理论方法研究［J］. 地球信息科学学报，11（5）：664~669.

谭衢霖 . 2010. 高分辨率多光谱影像城区建筑物提取研究［J］. 测绘学报，39（6）：618~623.

王慧敏，李艳 . 2011. 面向对象的损毁建筑物提取［J］. 遥感应用，（5）：81~85.

吴炜，骆剑承，沈占锋，等 . 2012. 光谱和形状特征相结合的高分辨率遥感图像的建筑物提取方法［J］. 武汉大学学报（信息科学版），37（7）：800~805.

曾齐红，毛建华，李先华，等 . 2011. 机载 LiDAR 点云数据的建筑物重建研究［J］. 武汉大学学报 . 信息科学版，36（3）：321~328.

翟永梅，王森 . 2011. 一种快速的震害评估方法——基于区域的遥感影像差值分割提取技术研究［J］. 地震研究，34（2）：227~232.

Barald I A，ParmIggian F. 1995. An investigation of texture characteristics associated with gray level co-occurrence matrix statistical parameters［J］. IEEE Trans. On Geoscience and Remote Sensing，33（2）：293~303.

Building Extraction from High Resolution Remote Sensing Images Based on Texture and Shape Features

Li Qiang[1,2]   Zhang Jingfa[2]

（1. Institute of Geophysics and Geomatics；China University of Geosciences；Wuhan 430074，China）

（2. Institute of Crustal Dynamics，CEA，Beijing 100085，China）

Abstract：Buildings in large areas were damaged by earthquakes. High-resolution remote sensing image has relatively abundant spatial distribution and shape information，from which the information of buildings can be extracted based on texture and geometric features. The image is divided into building area and no building area using clustering analysis based on texture features and spectral features，then fault points were eliminated by selecting the appropriate geometry characteristic parameters. At last，we get the complete information. The information can provide statistics and analysis decision support for post-earthquake buildings. The result shows this way has high recognition rate and lower error recognition rate for building extraction.

Keywords：texture feature；shape features；high-resolution remote sensing image；building

InSAR 时序分析技术及其在地表形变监测中的应用

刘志敏　　张景发[①]

（中国地震局地壳应力研究所　北京　100085）

摘　要　差分干涉雷达技术（D-InSAR）受到时间、空间失相关和大气效应等因素的影响，在监测长时间范围内地表缓慢形变应用中受到限制。为此研究人员发展了以永久散射体（PS）和小基线集（SBAS）为代表的两种 InSAR 时间序列分析方法。本文首先简单介绍了这两种方法的原理、实现流程，接着对其进行比较分析，然后对 InSAR 时序分析技术近些年的进展进行了简要说明，最后介绍了 InSAR 技术在地表形变监测中的应用现状。

关键词　InSAR　时序分析　永久散射体　小基线集　形变监测

一、引　　言

利用 D-InSAR 技术可以捕捉到微量的地表形变信息，其形变测量结果可以与传统测地技术相比较。但是受到时间、空间失相关和大气效应等因素的影响，在监测长时间范围内地表缓慢形变应用中受到限制，因此研究的焦点转向基于雷达图像长时间序列的 InSAR 时序分析方法上。永久散射体（Permanent Scatter，简称 PS）技术和小基线集（small baseline subset，简称 SBAS）技术是目前应用较为广泛的两种时间序列形变分析方法，随着各种相干点目标提取算法、3D 相位解缠算法、各误差项去除算法的提出，时间序列形变模型的改善等关键技术的进展，InSAR 时序分析方法的技术越来越完善，测量精度也越来越高，可以获得研究区域一个长时间序列上的地表形变信息，已经被用于城市地下水抽取造成的沉降形变、矿区地表沉降及断层活动性监测等诸多领域。本文介绍了 PS-InSAR 和 SBAS-InSAR 方法的原理与步骤、InSAR 技术在地壳形变监测中的应用现状，最后对 InSAR 时序分析技术在地表形变监测中的应用提出总结和展望。

二、InSAR 时序分析技术

InSAR 时序分析技术能够监测到长时间范围地面微小缓慢形变信息，大大弥补了

① 作者简介：刘志敏，硕士研究生，主要从事 InSAR 在地表形变监测方面的研究。
　　基金项目：中国地震局地壳应力研究所中央级公益性科研院所基本科研业务专项（编号：ZDJ2013-22），国家自然科学基金（编号：41204004），国家科技部、欧洲空间局龙计划三期资助项目（编号：10607）课题资助。

D-InSAR 技术的不足。目前常用的两种方法是 PS-InSAR 和 SBAS-InSAR，SBAS 方法在像对组合、解算模型方面与 PS 方法有不同之处，但在大气误差去除等方面还是借鉴了 PS 方法的处理思路。

1. PS 技术

1999 年，意大利学者 Ferretti 等（A. Ferretti et al.，2000）提出了永久散射体（PS）干涉技术，利用大量影像确定一个公共主影像，分别生成差分干涉图，选取长时间间隔相位仍然保持稳定的 PS 点，通过 PS 点集估算形变的线性速度和 DEM 误差；最后，通过一个综合的时空滤波方法计算出非线性形变部分和大气相位部分，得到时间序列形变量。

1）PS 候选点选取

（1）相干系数阈值法。

根据各像元在 N 幅相干图中的相干系数序列 γ_i（$i=1$，2，⋯N）并给定一个适当的阈值 γ_T，如果 $\min\{\gamma_i|i=1$，2，⋯，$N\}\geqslant\gamma_T$，则将该像元确定为候选点，但是通常采取局部窗口信息来估计相干系数。估计的窗口越大，相干目标的检测精度越高，但是估计窗口过大，会使得部分相干目标由于被失相干的地物包围而丢失，而如果相干估计窗口过小又会降低相干目标的检测准确度，因此选取合适的窗口大小和相干系数阈值直接影响着候选像元的选择质量。

（2）幅度离散指数阈值法。

利用对像元的幅度稳定性来替代相干性的估计。首先需对获得的 N 幅 SAR 图像进行辐射标定，以保证不同成像时间的图像的幅度具有可比性；然后从区域中筛选出那些高信噪比的像元；最后对于高信噪比的像元，通过计算区域内 N 幅 SAR 影像的每一像元的幅度离散指数，并设置幅度离散指数的阈值，将时序幅度离散指数均大于给定阈值的像元确定为候选点（A. Ferretti et al.，2001）。

2）PS 线性模型反演

由于相邻 PS 点的大气相位屏（Atmospheric Phase Screen，APS）的相关性大大削减了差分干涉相位中的大气成分，因此对第 K 幅差分干涉图中相邻 PS 点，定义整体相关系数为

$$\gamma_{i\_j} = \left| \frac{1}{N} \sum_{k=1}^{N} \exp\left[j \cdot \left(\phi_{i\_j}^k - \left(\frac{4\pi}{\lambda} \cdot \Delta v_{i\_j} T^k + \frac{4\pi}{\lambda} \cdot \frac{B_\perp^k}{R \cdot \sin\theta} \cdot \Delta \varepsilon_{i\_j} \right) \right) \right] \right| \quad (1)$$

式中，N 为差分干涉图数目，$\phi_{i\_j}^k$ 表示相邻 PS 点 i 和 j 的干涉相位差，λ 为波长，Δv_{i_j} 表示 i 和 j 两点的线性位移速率之差，T^k 为生成第 K 幅差分干涉图的两幅影像时间差，$B_\perp^K$ 为第 K 幅差分干涉图的垂直基线，R 为主影像上一点到地面目标的斜距。$\Delta\varepsilon_{i\_j}^k$ 表示 i 和 j 两点残余地形的高程差。以此为目标函数，通过多幅差分干涉图联合估计，将在二维空间（Δv_{i_j}，$\Delta\varepsilon_{i\_j}$）搜索使得 γ 达最大值的（Δv_{i_j}，$\Delta\varepsilon_{i\_j}$）作为对 PS 点形变速率和残余 DEM 的估计。在获得相邻 PS 点的形变位移速率梯度和 DEM 梯度后，通过积分处理即可以得到每一 PS 点的形变速率。从差分相位上减去形变相位和高程误差相位后，得到残余相位。然后可以通过空间和时间上的滤波获得 APS 估计，在去除 DEM 误差相位、线性形

变相位和 APS 相位后的残余相位后，可以进一步选取更多的 PS 点，重新估计 DEM 误差和形变速率，提高估计的精度。

2. SBAS 技术

2001 年，Berardino 和 Lanari 等（P. Berardino et al.，2002）提出了小基线集（SBAS）方法，将所有获得的 SAR 数据组合成若干个集合，集合内 SAR 图像对时间和空间基线距较小。利用最小二乘方法求解每个小集合的地表形变时间序列，为了增大时间采样率，可以通过奇异值分解（SVD）方法将多个小基线集联合起来求解。

1）SBAS 模型解算

假设同一地区有按照时间顺序（t_0，$\cdots$，t_N）排列的 $N+1$ 幅雷达影像。主影像（IE）和从影像（IS）按时间顺序排列。则

$$\delta\boldsymbol{\phi}_j = \boldsymbol{\phi}(t_{IEj}) - \boldsymbol{\phi}(t_{IS_j})，\forall j = 1，\cdots，M \tag{2}$$

式中，$\boldsymbol{\phi}(t_{IE_j})$ 为第 j 幅干涉图中的主影像相位，$\boldsymbol{\phi}(t_{ISj})$ 为第 j 幅干涉图中的从影像相位。可以得到含 N 个未知量的 M 个等式，可以写成下面的矩阵形式：

$$A\boldsymbol{\phi} = \delta\boldsymbol{\phi} \tag{3}$$

式中，A 是 $M \times N$ 矩阵，$\forall j = 1$，$\cdots$，M，如果 $IS_j \neq 0$，$A(j，IS_j) = -1$；$A(j，IE_j) = +1$，其他为 0。

A 是一个类似入射角的矩阵，依赖于数据集生成的干涉图。考虑到这个特性，如果所有的数据属于单一的小基线子集，那么，$M \geq N$，A 是一个 N 秩矩阵。对于系统（3）是一个 $M = N$ 或者 $M > N$ 的系统，可由最小二乘来求解：

$$\hat{\boldsymbol{\phi}} = A^{\#}\delta\boldsymbol{\phi}，\quad A^{\#} = (A^{T}A)^{-1}A^{T} \tag{4}$$

然而所有的数据属于一个单一的子集是不常见的，所以为了提高形变信号的时间采样率，我们必须面对数据属于不同子集的情况。因此式（3）中 A 可能表现出秩亏的性质，那么式（4）中的 $A^{T}A$ 是奇异矩阵。例如，假设有 L 个不同的小基线子集，A 的秩则为 $N - L + 1$，这个系统将有无穷多个解。这时引入奇异值分解算法，可以估算矩阵 A 的伪逆，得到式（3）的最小二乘解。但是这个解决方法可能引入累积形变上大量的不连续，以至于结果没有物理意义。为了保证物理上的合理性，以影像时间间隔的平均相位速度作为未知量来进行求解。

2）各误差项去除

影像相位中除了形变相位外，还有由区域地形误差带来的相位、由获取影像时大气不均质造成的大气相位及由基线、时间失相干现象和热噪声等引起的相位。所以，处理过程中需要分离出各误差项，最终获取形变相位信息，具体处理流程如图 1 所示。

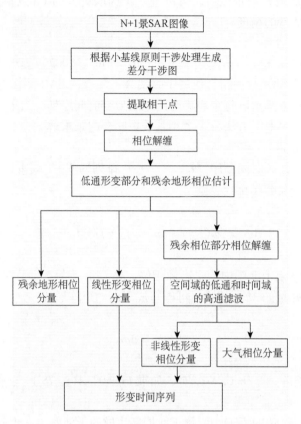

图1　SBAS-InSAR 技术处理流程与关键步骤

3. PS 与 SBAS 时序分析技术的比较

SBAS 方法中由于要降低失相关的影响，通常会进行多视处理，降低了分辨率，这样在一个分辨单元里可能就没有一个主要的散射体，因此，SBAS 方法是最优化包含散射体分布的分辨率单元。而 PS 方法中 PS 候选点是针对稳定散射体，最优化包含单一散射体的分辨率单元。PS-InSAR 技术多采用幅度离散指数或者结合两种方法选取候选点，需要一定数量的 SAR 图像以获得准确的像素统计信息。SBAS-InSAR 技术在后续处理中也需要选取相干点目标，一般利用相干系数阈值来选取候选点。

PS 和 SBAS 算法对数据的组合也有很大差别。PS 算法中要求超过 30 幅的大数据集，且选取一幅公共主影像，其他每幅影像对公共主影像做差分干涉处理。SBAS 算法中则不需太多影像，已有研究证明最低 7 幅影像就能获得较好的结果。为了降低失相干影响，通常选取短时间间隔、较短空间基线的影像进行小数据子集间的干涉处理，生成干涉图；再对不同子集进行联合解算。

在形变模型反演上，PS 与 SBAS 方法均是先建立线性模型，估算出线性形变速率和 DEM 误差；再通过滤波等其他方法进一步分离出非线性形变、大气误差、其他噪声误差。

然而在具体实现中，PS 方法是利用 PS 相邻点建网，通过定义整体相关系数，并以此为目标函数来估计 PS 点形变速率和残余 DEM 误差。而 SBAS 方法则是建立时间序列模型，通过 SVD 分解最小范数准则求得线性形变速率和 DEM 误差。

因此，在数据量充足、实验区能够选择较多稳定的永久散射体、且要求高分辨率形变监测等情况下，多采用 PS-InSAR 方法或者 PS/SBAS-InSAR 相结合的方法；在数据较少、实验区不太好选取永久散射体、研究区在农田等含较少人工建筑的情况下，多采用 SBAS-InSAR 方法。当然在条件允许时，为保证研究结果的准确性需尽量加大数据使用量，且利用较长波段影像数据，尽量避免山区地形和大气误差的影响。

4. InSAR 时序分析技术的进展

InSAR 时序分析方法经过十几年的发展，不同学者从不同方面提出了改进和发展算法。

1）结合 PS 与 SBAS 的 InSAR 时序分析

按照 SBAS 方法小基线原则对数据进行组合，生成差分干涉图；按照相干系数法选取候选点，对候选点集进行组网建模；按照 PS 方法整体相关系数模型进行解算，求取线性形变和地形误差分量；然后对于去除线性相位模型后的残余相位通过 SVD 方法，反演非线性形变和大气相位组分（O. Mora et al.，2003；A. Hooper，2008）。

2）SBAS 方法高分辨率形变获取

按照小基线原则分别生成单视和多视差分干涉图，对多视差分图用传统 SBAS 法分解低分辨率线性形变和高程误差，对单视和多视二者的残余相位进行处理，进而得到高分辨率的线性形变、非线性形变和高程误差、大气误差（R. Lanari et al.，2004）。

3）多干涉图方法

一般时序分析方法均依赖于识别在全部干涉图中相干性均保持较好的像元。然而在散射特性随时间变化时，有些像元在某些干涉图中相干性强，而在另一些图中相干性不强。多干涉图方法可以利用最小生成树算法（minimum spanning tree，简称 MST）选取时序相对，对在部分干涉图中保持相干性的像元也能进行时序干涉处理，获取时序形变结果（A. Refice et al.，2006；J. Biggs et al.，2007）。

4）宽幅与条带数据联合的时序分析

2011 年，A. Pepe 等（2011）研究结合 ScanSAR 数据与 Stripmap 数据进行小基线处理。其中 Stripmap 数据生成小基线干涉图网络采用现有 SBAS 方法进行处理，为了避免多幅 ScanSAR 影像中 burst 方式的问题，ScanSAR 影像仅仅用于与 stripmap 影像生成小基线干涉图，形成增加的网络，剩余处理步骤和一般小基线方法一样。

5）分布式散射体多基线干涉

分布式散射体（Distributed Scatterers，简称 DS）是指在较大一片区域内由于属于同一对象而表现出相似反射率的地物，如裸地、沙漠及稀疏植被区域等，在 SAR 分辨单元内具有均匀统计特性。由于时间和几何失相关，这些自然目标平均时间相干性通常较低，然而具有相同统计行为的像元很多，以至于可以使其中的一些超过相干性阈值，成为 PS 点。这些地物目标的几何信息提取提高了地面信息的监测密度，对于扩展时间序列 SAR 数据应用范围十分重要。A. Ferretti 等（2011）提出了一种新的多基线干涉 SAR 处理算法

SqueeSAR，该算法首先定义目标的分布函数，使用 KS 检验方法计算并选择合适的 DS 目标；然后联合所有数据估计 DS 目标的干涉相位；最后采用传统 PSInSAR 算法对 PS 及 DS 目标进行处理求解地形及形变参数（陶利等，2012）。

6）SAR 层析技术

相干目标算法中散射模型认为每个分辨单元内仅有一个主相干点，然而在陡峭地形或散射体空间密度较大区域，一个 SAR 分辨单元接收的信号往往是多个散射中心的叠加。正确的散射体数目检测，精确的目标高度估计及定位，是改进 SAR 在城区及复杂建筑物监测能力方面的重要问题。多基线 SAR Tomography（雷达层析技术）是 InSAR 的一种扩展，通过多幅天线在高度方向上的孔径合成，具有三维层析成像的能力。其测量原理为：假设在某一 SAR 获取时间内，有多副天线对数据进行接收，考虑 SAR 图像中某一方位-距离向像素，其接收信号中包含了多个高度向上重叠的散射目标，且目标可能具有缓慢的地表形变。通过数据处理分析可知，此时接收信号可以看成是高度-速度平面上散射体分布的二维傅立叶变换采样，于是对其进行反变换可以重建该分辨单元内散射体的高度-形变速度分布，从而对多散射目标进行成像检测（G. Fornaro，2009；张红等，2010；陶利等，2012）。

针对时序方法是在点目标上处理的特性，一些改进的相位解缠算法也相继提出，如 A. Hooper（2007）利用时间维上相位演化来指导空间维上相位解缠（3D 解缠）。在大气误差相位方面的研究也有一定的进展，特别是对流层信号的估算。如果数据允许，可以利用 GPS 数据来估算大气效应和校验 InSAR 形变结果。联合不同传感器数据进行干涉测量形变分析也有一定的研究和应用。

5. InSAR 时序分析技术在地表形变监测中的应用

自 InSAR 时序分析技术提出以来，其在地面沉降、地震、火山及滑坡监测、地壳活动性监测等多领域展开应用。

1）地面沉降监测

C. Colesanti 与 Ferretti 等（2003）研究美国加州南部和意大利 Ancona 地区的形变之后，将 PS 测量的结果与 GPS 数据和水准数据进行了对比，结果较为一致；J. Baek 等（2008）利用 1992～1998 年期间 23 幅 JERS-1 数据采用 SBAS 方法获取了韩国江原道煤矿区沉降形变；WC. Hung 等（2011）利用 PSInSAR 融合水准测量数据监测台湾浊水溪冲积扇地表形变；V. Akbari 等（2012）提出利用短基线 SAR 干涉图和加权最小二乘反演算法改进地表形变监测，并在伊朗东北部马什哈德谷地应用得到证实；陈富龙等（Fulong Chen et al.，2012）利用小基线技术结合 C 波段和 L 波段数据监测青藏铁路路堤形变，得出了形变量在-20～20mm/a 的结果。

2）地震、火山及滑坡形变监测

A. Ferretti 等（2011）首先通过 PS 技术的基本模型利用 5 年间 34 景 ERS 图像研究了意大利 Ancona 地区的滑坡，结果表明，PS 点的最大线性 LOS 速度超过了 3mm/a，而且精度可以达到 1mm/a 以下，对 DEM 高程误差的修正精度可以达到 1m 以下；S. Lyons 和 D. Sandwell（2003）利用 PS 技术研究了美国圣安德烈斯南部的地震所导致的缓慢形变。

P. Berardino 等（2002）通过 SBAS 方法利用 1992～2000 年之间的 44 幅 ERS 数据研究

了意大利南部的 Campi Flegrei 火山口在空间低分辨率下的时间序列形变；荷兰 Delft 大学的 A. Hooper 等（2004）提出采用相位空间相关性结合的方法来识别 PS 点，其不需要先验知识，可以在任何地形区域提取 PS 点；2006 年，Hooper 发布用于永久散射体实验的开源软件 StaMPS，次年，发展了时间序列处理中 3D 相位解缠算法（A. Hooper et al.，2007）；后来，他基于 PS 与 SBAS 散射模型的不同提出了结合这两种方法的策略，并在冰岛艾雅法拉火山监测地表形变上应用（A. Hooper，2008）；季灵运等（2011）基于 6 景 JERS-1 L 波段 SAR 影像，利用小基线集干涉测量技术，提取了腾冲火山地区 1995～1997 年间地表形变时间序列。

3）地壳活动性监测

P. Tizzania 等（2007）利用 1992～2000 年期间 21 幅 ERS-1/2 卫星 SAR 数据采用 SBAS 方法获取了包括长谷火山和莫诺盆地在内的加利福尼亚地区东部地表形变，并与当地 GPS 和水准测量数据结果进行了比较验证，更进一步探讨了该区形变方式；中国地震局地壳应力研究所、英国伦敦大学学院 Peter 等研究人员在西藏当雄活动断裂带区域安装了角反射器，用于监测地壳运动形变（张景发等，2006）；屈春燕等（2011）以祁连山海原断裂带为实验研究区，利用 2003～2009 年的 21 景 ENVISAT ASAR 数据，采用 PSInSAR 方法进行了海原断裂带地壳微小形变的探索性研究。

三、总结与展望

InSAR 时序分析技术能够较好地克服 InSAR 时空失相干限制，抑制地形和大气影响，增加了时间采样率，在监测形变时间演化上取得了较好的应用。PS 与 SBAS 技术中各部分算法的改进及各项新技术的提出，为利用 InSAR 时序分析技术监测地面形变研究带来了巨大的发展。PS 与 SBAS 算法获取的地表形变精度依赖于传感器、影像数量、影像获取的时间、参考点的距离、PS 点的相干性等，因此在未来的研究中解决噪声等其他来源误差依旧是一个重要的任务（A. Hooper et al.，2012）。失相关噪声可以通过更频繁的数据获取、增加信号带宽和采用长波长来进一步降低。电离层相位延迟由于其频率依赖特性，可以通过分离带宽系统来估算。对流层相位延迟可以通过同时获取前向和后向数据来估算。卫星轨道及外部参考 DEM 的精度可以继续提高，能够减少残余几何及地形误差。因此，可以预见，InSAR 时序分析总是能带来精度上的提高，监测获取更精细的形变过程。

参 考 文 献

季灵运，王庆良，崔笃信，等. 2011. 利用 SBAS-DInSAR 技术提取腾冲火山区形变时间序列. 大地测量与地球动力学，31（4）：149～153.

屈春燕，单新建，宋小刚，等. 2011. 基于 PSInSAR 技术的海原断裂带地壳形变初步研究. 地球物理学报，54（4）：984～993.

陶利，张红，王超，等. 2012. 新型多基线 DInSAR 地表形变监测技术研究动态. 遥感技术与应用，27

(6)：805～811.

张红，江凯，王超，等．2010. SAR 层析技术的研究与应用．遥感技术与应用，25（2）：282～287.

张景发，龚丽霞，姜文亮．2006. PS-InSAR 技术在地壳长期缓慢形变监测中的应用．国际地震动态，(6)：1～6.

A. Ferretti, A. Fumagalli, F. Novali et al. 2011. A new algorithm for processing interferometric data-stacks: SqueeSAR. IEEE Transactions on Geoscience and Remote Sensing, 49 (9): 3460～3470.

A. Ferretti, C. Pratti, F. Rocca. 2000. Non-linear subsidence rate estimationusing permanent scatterers in differential SAR interferometry. IEEE Transactions on Geoscience and Remote Sensing, 38 (5): 2202～2212.

A. Ferretti, C. Pratti, F. Rocca. 2001. Permanent Scatterers in SAR Interferometry. IEEE Transactions on Geoscience and Remote Sensing, 39 (1): 8～20.

A. Hooper, A. Zebker. 2007. Phase unwrapping in three dimensions with application to InSAR time series. Optical Society of America, 24 (9): 2737～2747.

A. Hooper, D. Bekaert, K. Spaans et al. 2012. Recent advances in SAR interferometry time series analysis for measuring crustal deformation. Tectonophysics, 514 (517): 1～13.

A. Hooper, H. Zebker, P. Segall et al. 2004. A new method for measuring deformation on volcanoes and other natural terrains using InSAR persistent scatterers. Geophys. Res. Lett. , 31, L23611, doi: 10.1029/2004GL021737.

A. Hooper. 2008. A multi-temporal InSAR method incorporating both persistent scatterer and small baseline approaches. Geophys. Res. lett. , 35, L16302, doi: 10.1029/2008GL034654.

A. Pepe, Ortiz A. Bertran, P R. Lundgren et al. 2011. The Stripmap － ScanSAR SBAS Approach to Fill Gaps in Stripmap Deformation Time Series With ScanSAR Data. IEEE Transactions on Geoscience and Remote Sensing, 49 (12): 4788～4804.

A. Refice, F. Bovenga, R. Nutricato. 2006. MST-based stepwise connection strategies for multipass Radar data, with application to coregistration and equalization. IEEE Transactions on Geoscience and Remote Sensing, 44 (8): 2029～2040.

C. Colesanti, A. Ferretti, C. Prati et al. 2003. Monitoring landslides and tectonic motions with the Permanent Scatterers Technique. Engineering Geology, 68 (1): 3～14.

Fulong Chen, Hui Lin, Zhen Li et al. 2012. Interaction between permafrost and infrastructure along the Qinghai-Tibet Railwaydetected via jointly analysis of C- and L-band small baseline SAR interferometry. Remote Sensing of Environment, 123: 532～540.

G. Fornaro, D. Reale, F. Serafino. 2009. Four Dimensional SAR Imaging for Height Estimation and Monitoring of Single and Double Scatterers. IEEE Transactions on Geoscience and Remote Sensing, 47 (1): 224～237.

J. Baek, SW. Kim, HJ. Park et al. 2008. Analysis of ground subsidence in coal mining area using SAR interferometry. Geosciences Journal, 12 (3): 277～284.

J. Biggs, T. Wright, Z. Lu et al. 2007. Multi-interferogram method for measuring interseismic deformation: Denali Fault, Alaska, . Geophys. J. Int. , 170: 1165～1179.

O. Mora, J. Mallorqui, A. Broquetas. 2003. Linear and Nonlinear Terrain Deformation Maps From a Reduced Set of Interferometric SAR Images. IEEE Transactions on Geoscience and Remote Sensing, 41 (10): 2243～2253.

P. Berardino, G. Fornaro, R. Lanari et al. 2002. A new algorithm for surface deformation monitoring based on small baseline differential SAR interferograms. IEEE Transactions on Geoscience and Remote Sensing, 40 (11): 2375～2383.

P. Tizzania, P. Berardinoa, F. Casua et al. 2007. Surface deformation of Long Valley caldera and Mono Basin,

California, investigated with the SBAS-InSAR approach. Remote Sensing of Environment, 108 （3）: 277~289.

R. Lanari, O. Mora, M. Manunta etal. 2004. A small-baseline approach for investigating deformation on full-resolution differential SAR interferograms. IEEE Transactions on Geoscience and Remote Sensing, 42 （7）: 1377~1386.

S. Lyons, D. Sandwell. 2003. Fault creep along the southern San Andreas from interferometric synthetic aperture radar, permanent scatterers, and stacking. Journal of Geophysical Research: Solid Earth, 108 （B1）.

V. Akbari, M. Motagh. 2012. Improved Ground Subsidence Monitoring Using Small Baseline SAR Interferograms and a Weighted Least Squares Inversion Algorithm. IEEE Lett. , Geosci. Remote Sensing, 9 （3）: 437~441.

WC. Hung, C. Hwang, YA. Chen et al. 2011. Surface deformation from persistent scatterers SAR interferometry and fusion with leveling data: A case study over the Choushui River Alluvial Fan, Taiwan, Remote Sensing of Environment, 115 （4）: 957~967.

Time Series InSAR Technology and Its Application in Monitoring Ground Deformation

Liu Zhimin　Zhang Jingfa

（Institute of Crustal Dynamics, CEA, Beijing 100085, China）

Abstract: Despite the tremendous potential of D-InSAR technique, limitations due to temporal decorrelation, spatial decorrelation and atmospheric inhomogeneity prevent this technique from being widely applied in crustal deformation monitoring, especially in the low-rate deformation cases. More recently, SAR interferometry time series analysis methods have been developed that take advantage of both types of scattering. In the paper, we presented and compared the principles and processes of the two methods, then introduced the advance in SAR interferometry time series analysis for measuring crustal deformation. Finally, we described the application of time series InSAR technology in monitoring the crustal deformation.

Keywords: InSAR; time series analysis; permanent scatterers; small baseline subset; deformation monitoring

低温热年代学及其在青藏高原研究中的应用

沈晓明[①]

（中国地震局地壳应力研究所地壳动力学重点实验室　北京　100085）

摘　要　低温热年代学主要包括裂变径迹和（U-Th）/He 两种方法。本文介绍了裂变径迹和（U-Th）/He 定年方法的基本原理、实验方法，并主要以现今代表国际低温热年代学研究最高水平的青藏高原为例，介绍了其在构造、地貌及地表过程等研究中的应用。

关键词　裂变径迹定年　（U-Th）/He 定年　基本原理　实验方法　青藏高原

一、引　言

低温热年代学是利用岩石矿物中封闭温度较低的放射性元素的衰变或裂变产物在矿物内的产出和累积来对地质体进行定年的方法，主要包括裂变径迹和（U-Th）/He 两种方法（Spotila，2005）。最近 20 多年，随着定年技术的日益完善和发展，以磷灰石、锆石的裂变径迹和（U-Th）/He 分析为代表的低温热年代学已成为揭示区域剥露时间和速率、地形和地貌演化的重要方法（Farley，2002；Spotila，2005；Benowitz et al.，2011；Wang et al.，2011），这两种低温热年代学方法与其它中、高温热年代学方法相结合（如锆石 U-Pb 年龄、含钾矿物 $^{40}Ar/^{39}Ar$ 年龄等）可以得到地质体更为详细和准确的冷却历史，为构造运动、地貌演化等提供更长时间尺度的约束（Reiners et al.，2005；Hetzel et al.，2011）。尤其是磷灰石（U-Th）/He（AHe）和裂变径迹（AFT）定年，以其具有非常低的封闭温度（AHe 为 55°C～80°C；AFT 为 90°C～120°C）在重塑地壳上部约 1～4 km 内数百万年以来的剥露冷却历史方面显示出巨大的优势（Ehlers and Farley，2003；Reiners et al.，2005）。在剥蚀作用强烈的活动造山带，如阿尔卑斯、科迪罗拉、中亚造山带等，可以利用 ZFT、ZHe、AFT 和 AHe 低温热年代学技术恢复地质体剥露冷却历史，查明剥露的时间、速率以及时空差异，进而探讨控制地形、地貌演化的地表过程和新构造运动历史（Ehlers and Farley，2003；Stockli，2005；Pignalosa et al.，2011；Taylor and Fitzgerald，2011）。

青藏高原是全球最重要的活动造山带之一，青藏高原隆升以及由此引发的全球气候、

---

① 作者简介：沈晓明，男，博士，助理研究员，1983 年出生，构造地质学专业，主要从事构造地球化学研究。E-mail：xiaoming_ shen@163.com。

基金项目：中央级公益性科研院所基本科研业务专项（ZDJ2012-02）；国家自然科学基金项目（41203044）。

环境问题备受世人瞩目（Raymo and Ruddiman，1992；An et al.，2001）。在青藏高原及其周缘，由气候变化和构造运动引发的岩石剥露作用强烈，众多学者以低温热年代学为手段对此进行了研究（Rohrmann et al.，2012），这些研究可以代表当今国际低温热年代学研究的最高水平。本文简要介绍了裂变径迹和（U-Th）/He 两种低温热年代学定年方法的基本原理和实验方法，并主要以青藏高原为例，介绍了其在构造、地貌及地表过程等研究中的应用。

二、基本原理和实验方法

裂变径迹和（U-Th）/He 两种低温热年代学技术与其它中、高温热年代学技术相比，在基本原理和实验方法方面均有明显不同，对操作人员的技术性要求高，实验的时间成本和经济成本均较高（Reiners et al.，2005）。本部分从基本原理和实验方法两个方面对裂变径迹和（U-Th）/He 定年方法进行简要介绍。

1. 基本原理

低温热年代学定年体系是利用岩石矿物中的放射性元素的衰变或裂变产物在矿物内的产出和累积来标定样本地质年龄的，其定年的时间尺度量级多在 0.1 ~ 100Ma 之间（Harrison and Zeitler，2005）。矿物中放射性母核元素的衰变或裂变产物可能是子核元素，也可能是晶体的辐射损伤。利用放射性元素母-子元素含量计年的原理就可以求解出定年体系所记录的年龄。

（1）裂变径迹。

裂变径迹（FT）是^{238}U 核裂变产生的线性辐射在矿物晶体内导致的晶体损伤。对于不同的矿物，新产生的径迹的长度是不同的。在 FT 不断产生的同时，先前生成的 FT 会逐渐地退火而缩短。对 FT 退火速率影响最为重要的因素是温度（T）和时间（t），这样矿物颗粒中的 FT 长度分布便记录了其所经历的热过程。通过对矿物颗粒中裂变径迹数目的统计（图 1），结合^{238}U 放射性衰变规律便可计算出裂变径迹年龄（Wagner and Reimer，1972）；通过对磷灰石抛光面上近于水平的封闭径迹长度的统计，结合实验室对 FT 退火动力学的研究而建立的正演模型，便可反演矿物颗粒曾经历的热历史（Ketcham，2005）。

裂变径迹热年代学中的另一重要概念是部分退火带（PAZ）（Harrison and Zeitler，2005），指的是在地壳内部某一定温度范围，裂变径迹长度会缩短乃至完全消失，同时，新的裂变径迹相伴产生。低于部分退火带温度时，不会有退火现象产生，早先形成的径迹和新产生的径迹将被完好保存。如磷灰石部分退火带（图 2）温度范围一般为 60℃ ~ 110℃，锆石为 210℃ ~ 310℃；而磷灰石裂变径迹（AFT）的封闭温度一般为 90℃ ~ 120℃，锆石裂变径迹（ZFT）为 230℃ ~ 350℃（Reiners et al.，2005）。

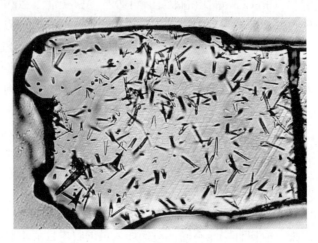

图1 矿物晶体中裂变径迹的显微照片 (据 Wagner and Van den Haute, 1992)

(2)（U-Th）/He。

He 的产生和积累是通过^{238}U、^{235}U、^{232}Th 放射性元素衰变过程中产生 6～8 次的 α 衰变所致：

$$^{238}U \xrightarrow{\alpha} {}^{206}Pb + 8 \times {}^{4}He + 6\beta^{-}$$

$$^{235}U \xrightarrow{\alpha} {}^{207}Pb + 7 \times {}^{4}He + 4\beta^{-}$$

$$^{232}Th \xrightarrow{\alpha} {}^{208}Pb + 6 \times {}^{4}He + 4\beta^{-}$$

通过测定矿物中现存的放射性子体同位素^{4}He、母体同位素^{238}U、^{235}U 和^{232}Th 的含量，由以下公式即可计算出矿物的（U-Th）/He 年龄（Farley, 2002）。

$$^{4}He = 8^{238}U(e^{\lambda 238t} - 1) + 7^{235}U(e^{\lambda 235t} - 1) + 6^{232}Th(e^{\lambda 232t} - 1)$$

式中，^{4}He、^{238}U、^{235}U 和^{232}Th 指测量的原子数，t 为放射性衰变产生子体同位素^{4}He 所积累的时间，λ^{238}、λ^{235}、λ^{232} 是^{238}U、^{235}U、^{232}Th 的衰变常数，分别为 $1.55125 \times 10^{-10} a^{-1}$、$9.8485 \times 10^{-10} a^{-1}$、$4.9475 \times 10^{-11} a^{-1}$。U 和 Th 同位素前面的系数是每个衰变系列释放的 α 粒子数目。

该定年技术最大的优势是低温敏感性，如磷灰石的 He 封闭温度为 55℃～80℃，锆石为 160℃～200℃（Reiners et al., 2005），可以给出冷却作用在非常低温阶段的信息（图2）。因此，该方法具有较小幅度剥露作用的敏感性，在山脉隆升和地貌演化等构造和地表过程研究中具有不可替代的优越性（Wolf et al., 1998；Farley, 2002）。

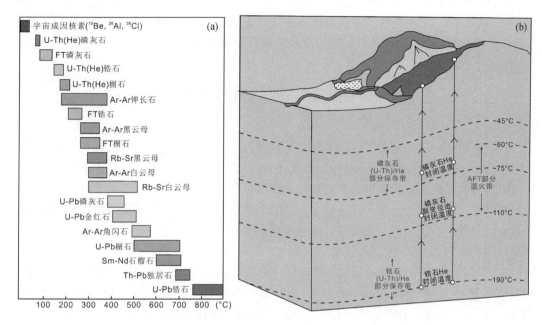

图 2　（a）地质热年代计封闭温度范围；（b）几个低温热年代计的封闭温度和部分退火（保存）带
在地壳剖面中的位置示意图（据 Ehlers et al.，2001）

2. 实验方法

对于裂变径迹和（U-Th）/He 定年，各实验室流程以及根据不同矿物所采取的实验方法略有不同，本文仅以磷灰石矿物为例简介目前国际上较流行的实验方法。

（1）磷灰石裂变径迹定年。

样品经无污染粉碎，用常规磁选和重液法分选出足够的磷灰石单矿物。采用外探测器法定年，具体实验方法为：先将磷灰石颗粒制成薄片，然后抛光、蚀刻，蚀刻条件为 5M HNO$_3$、20℃、20s，揭示自发径迹，再将低铀白云母外探测器与样品一起入核反应堆进行热中子辐照，中子注量用 CN5 铀玻璃标定，之后在 48% HF，室温蚀刻 25 分钟揭示诱发径迹。径迹密度、径迹长度和 D$_{par}$ 参数在高精度高倍光学显微镜下测定。年龄计算采用 Zeta 常数法（Hurford and Green，1983），对径迹年龄进行 χ^2 检验，以评价所测单颗粒属于同一年龄组的概率（Galbraith and Laslett，1993）。

（2）磷灰石（U-Th）/He 定年。

选取无包裹体、晶型好的磷灰石颗粒进行（U-Th）/He 年龄测定。具体实验方法为：将每个样品的磷灰石分成 3～5 份，每份几颗到十几颗。在显微镜下测量每个磷灰石颗粒的形状和大小，然后用金属铂包裹晶体颗粒。用激光加热样品以提取 He，通过四级杆质谱测定 He 同位素。将测完 He 的样品再用同位素稀释剂法在 Agilent ICP-MS 上测定 U、Th 同位素含量。将每个样品分成的 3～5 份重复样都进行 He 和 U、Th 同位素测量，以保证样品测试质量。整个实验流程用 Durango 磷灰石（32±1Ma）进行标定，并对 He 年龄进行 α 辐射校正（Farley et al.，1996）。

目前国际上较流行的数据处理方法是用 HeFTy 软件（Ketcham，2005）和 QTQt 软件（Gallagher et al.，2009）对实验获得的数据进行多元动力学热史模拟，模拟参数包括径迹年龄、径迹长度、D_{par} 参数、AHe 年龄以及磷灰石颗粒大小。

三、在青藏高原研究中的应用

青藏高原隆升以及由此引发的亚洲乃至全球气候和环境变化一直是国际科学研究的热点问题（Raymo and Ruddiman，1992；An et al.，2001）。确定青藏高原是什么时候、以什么样的方式形成目前的高地形和相应的地貌特征是约束大陆变形机制的关键。在青藏高原及其周缘，由气候变化和构造运动引发的岩石剥露作用强烈，众多研究者以低温热年代学为手段对此进行了研究，取得了许多重要进展：在空间上低温热年代学数据主要分布于青藏高原周缘的喜马拉雅带（丁林等，1995；Van der Beek et al.，2009；Robert et al.，2011）、龙门山断裂带（Arne et al.，1997；Kirby et al.，2002；Li et al.，2012）、阿尔金断裂带和昆仑山断裂带（Jolivet et al.，2001；Clark et al.，2010）以及高原东北缘（Wang et al.，2011）和东南缘（Clark et al.，2005；来庆洲等，2006），最近才有些学者对高原腹地的拉萨地块和羌塘地块进行了研究（Hetzel et al.，2011；Rohrmann et al.，2012）；在研究内容上主要用以约束高原边界扩展的时间、河流快速下切的时间（用以标定高原隆升时间）、高原残留地貌面的演化、大型逆冲或走滑断裂的活动历史以及侵蚀作用与气候的耦合关系等。

以低温热年代学为技术研究青藏高原岩石剥露作用对于深入认识青藏高原构造运动、地貌演化具有重要意义。下面主要以青藏高原为例，从高原扩展与隆升、地貌面演化、断裂活动历史、构造与气候的耦合等几个方面简要介绍低温热年代学在构造、地貌及地表过程等研究中的应用。

1. 高原扩展与隆升

在高原扩展方面，基于锆石、磷灰石裂变径迹和（U-Th）/He 定年以及部分含钾矿物的 $^{40}Ar/^{39}Ar$ 年龄数据，许多学者厘定了高原东部边界扩展的时间并探讨了可能机制，他们认为：在高原东北缘六盘山至西秦岭为 9～4 Ma（Enkelmann et al.，2006；Zheng et al.，2006；Wang et al.，2011），在甘孜-理塘逆冲断裂带为 20～16 Ma（来庆洲等，2006），在龙门山为 12～5 Ma（Kirby et al.，2002），高原扩展的动力学机制被认为是下地壳流动或走滑挤出或逆冲推覆。最新的锆石、磷灰石裂变径迹和（U-Th）/He 年代学研究表明，龙门山自新生代以来经历了两期快速隆升，分别始于 30～25Ma 和 15～10Ma，而且青藏高原东部的高地形在印度和欧亚大陆碰撞之前就已经存在，并认为沿断裂的上地壳缩短和下地壳流可能分别在抬升的早期和晚期发挥了重要作用（Wang et al.，2012）。

近年来，用河流快速下切的时间来代表初始地表抬升的方法在确定高原隆升时间问题上得到了广泛的应用（Schildgen et al.，2007）。通过对藏东南河流深切峡谷中花岗岩的锆石、磷灰石的（U-Th）/He 和裂变径迹定年，Clark 等（2005）和 Ouimet 等（2010）得出在龙门山南端至三江并流一线河流快速下切的时间为 13～9 Ma，并以此代表该地区高原抬升的起始时间。

2. 地貌面演化

在地貌面演化方面，Van der Beek 等（2009）研究了分布于喜马拉雅西北部高原残留面和河谷中花岗岩和闪长岩的 ZHe、AHe 和 AFT 年龄，表明高原残留面至少从约 35 Ma 就开始具有稳定的、低的剥蚀速率，并认为藏西高原从此形成；用同样的低温热年代学方法，Hetzel 等（2011）研究了拉萨地块夷平面的形成演化历史，表明该夷平面形成于约 50 Ma 印度和欧亚大陆碰撞之前的低海拔条件下，在碰撞之后才抬升到现在的高度并处于稳定状态。该结论对此前许多学者认为的在与印度板块碰撞之前亚洲南部已经处于高海拔的观点提出了挑战（England and Searle，1986；Kapp et al.，2007）。最近，Rohrmann 等（2012）对拉萨和羌塘地块进行 AFT、AHe 和黑云母、钾长石^{40}Ar/^{39}Ar 热年代学的研究表明，高原中部的局部地区在晚白垩世晚期开始抬升，在约 45 Ma 扩大到整个高原中部。

3. 断裂活动历史

低温热年代学也广泛用于揭示断裂的活动历史（Ehlers et al.，2001）。Clark 等（2010）对青藏高原北部大型逆冲断层的 AHe 定年表明，西秦岭和北柴达木逆冲断层上盘的加速活动时代分别为约 50~45Ma 和约 35Ma，并认为这些逆冲断层的活动与印度和欧亚大陆的碰撞有关。Robert 等（2011）通过对喜马拉雅逆冲断层的 AFT 定年和数值模拟表明，逆冲断层沿走向的侧向几何学变化强烈地影响了造山带的运动特征和剥露历史。Viola 等（2011）对红河断裂带的 ZFT 和 AFT 定年表明，该断裂带由于左旋走滑兼正断的性质，在不同地段断裂活动历史不同。在北美洲的阿拉斯加，通过黑云母、钾长石的^{40}Ar/^{39}Ar、AFT 和 AHe 定年，Benowitz 等（2011）发现阿拉斯加东部大型走滑断层两侧存在差异剥蚀，并认为某些地区的差异剥蚀可能是由于断层几何特征和上新世气候变化（全球变冷）导致的。

4. 构造与气候的耦合

气候控制的地表剥露在活动造山带构造变形中所起的作用逐渐受到重视，成为现代构造地貌学的一大进展（Willett，1999；Reiners et al.，2003）。地球动力过程（构造活动）和大气圈层（气候）之间存在相互作用，二者的耦合是通过地表的侵蚀过程来实现的（Montgomery et al.，2001；Whipple，2009）。低温热年代学在揭示构造和气候耦合方面逐渐显示出强大的优势（Benowitz et al.，2011；Pignalosa et al.，2011）。如在由冰川作用和河流侵蚀控制地形发育的阿尔卑斯山脉，Shuster 等（2005）在一峡谷中用 AHe 定年发现了至少 2km 厚的上覆岩层在约 1.8 Ma 以后以 ≥5mm/a 的速率被侵蚀掉，并认为这种快速的剥蚀可能是由约 1.9 Ma 以后出现的全球气候变化形成冰川所造成的。许多学者在喜马拉雅带用低温热年代学揭示出自上新世以来多期侵蚀速率加快与全球气候不稳定性导致的北半球冰期和亚洲季风增强之间具有很好的耦合关系（Thiede et al.，2004；Huntington et al.，2006）。越来越多的研究表明由气候控制的剥露作用在控制山脉隆升和构造变形中发挥了重要作用（Beaumont et al.，2001；Willett et al.，2006；Finnegan et al.，2008）。

四、结　语

低温热年代学是揭示区域剥露时间和速率、地形和地貌演化的强大工具。在地震研究方面可以与活动构造研究相结合，为区域地震提供新构造运动背景资料。低温热年代学与其它中、高温热年代学的联合运用，并结合宇宙成因核素、光释光等第四纪年代学手段，综合探讨区域中生代、新生代以及第四纪以来的构造、地貌演化过程，建立合理的地壳动力学模型将是低温热年代学的研究趋势。

然而，低温热年代学方法需要测定矿物的参数多，实验对操作人员的技术要求高、耗时长；同时，矿物的封闭温度受干扰因素多、古地温梯度的不确定性等是低温热年代学面临的问题。总之，通过无污染单矿物分选、严谨细致的参数测量和上机测试，并选用合理的动力学模型对实验数据进行热史模拟，低温热年代学定年必将在构造、地貌和地表过程等研究中发挥不可替代的重要作用。

参　考　文　献

丁林，钟大赉，潘裕生，等. 1995. 东喜马拉雅构造结上新世以来快速抬升的裂变径迹证据. 科学通报，40（16）：1497~1500.

来庆洲，丁林，王宏伟，等. 2006. 青藏高原东部边界扩展过程的磷灰石裂变径迹热历史制约. 中国科学，36（9）：785~796.

An Z S, Kutzbach J E, Prell W L, et al. 2001. Evolution of Asian monsoons and phased uplift of the Himalaya-Tibetan plateau since Late Miocene times. Nature, 411 (6833): 62~66.

Arne D, Worley B, Wilson C, et al. 1997. Differential exhumation in response to episodic thrusting along the eastern margin of the Tibetan Plateau. Tectonophysics, 280 (3-4): 239~256.

Beaumont C, Jamieson R, Nguyen M, et al. 2001. Himalayan tectonics explained by extrusion of a low-viscosity crustal channel coupled to focused surface denudation. Nature, 414 (6865): 738~742.

Benowitz J A, Layer P W, Armstrong P, et al. 2011. Spatial variations in focused exhumation along a continental-scale strike-slip fault: The Denali fault of the eastern Alaska Range. Geosphere, 7 (2): 455~467.

Clark M K, House M, Royden L, et al. 2005. Late Cenozoic uplift of southeastern Tibet. Geology, 33 (6): 525~528.

Clark M K, Farley K A, Zheng D W, et al. 2010. Early Cenozoic faulting of the northern Tibetan Plateau margin from apatite (U-Th) /He ages. Earth and Planetary Science Letters, 296 (1-2): 78~88.

Ehlers T A, Armstrong P A, Chapman D S. 2001. Normal fault thermal regimes and the interpretation of low-temperature thermochronometers. Physics of the Earth and Planetary Interiors, 126 (3-4): 179~194.

Ehlers T A, Farley K A. 2003. Apatite (U-Th) /He thermochronometry: methods and applications to problems in tectonic and surface processes. Earth and Planetary Science Letters, 206 (1-2): 1~14.

England P, Searle M. 1986. The Cretaceous-Tertiary deformation of the Lhasa block and its implications for crustal thickening in Tibet. Tectonics, 5 (1): 1~14.

Enkelmann E, Ratschbacher L, Jonckheere R, et al. 2006. Cenozoic exhumation and deformation of northeastern Tibet and the Qinling: Is Tibetan lower crustal flow diverging around the Sichuan Basin? Geological Society of America Bulletin, 118 (5-6): 651~671.

Farley K, Wolf R, Silver L. 1996. The effects of long alpha-stopping distances on (U-Th) /He ages. Geochimica et Cosmochimica Acta, 60 (21): 4223~4229.

Farley K A. 2002. (U-Th) /He dating: Techniques, calibrations, and applications. Reviews in Mineralogy and Geochemistry, 47 (1): 819.

Finnegan N J, Hallet B, Montgomery D R, et al. 2008. Coupling of rock uplift and river incision in the Namche Barwa – Gyala Peri massif, Tibet. Geological Society of America Bulletin, 120 (1-2): 142~155.

Galbraith R, Laslett G. 1993. Statistical models for mixed fission track ages. Nuclear Tracks and Radiation Measurements, 21 (4): 459~470.

Gallagher K, Charvin K, Nielsen S, et al. 2009. Markov chain Monte Carlo (MCMC) sampling methods to determine optimal models, model resolution and model choice for Earth Science problems. Marine and Petroleum Geology, 26 (4): 525~535.

Harrison T M, Zeitler P K. 2005. Fundamentals of noble gas thermochronometry. Reviews in mineralogy and geochemistry, 58 (1): 123~149.

Hetzel R, Dunkl I, Haider V, et al. 2011. Peneplain formation in southern Tibet predates the India-Asia collision and plateau uplift. Geology, 39 (10): 983~986.

Huntington K W, Blythe A E, Hodges K V. 2006. Climate change and Late Pliocene acceleration of erosion in the Himalaya. Earth and Planetary Science Letters, 252 (1-2): 107~118.

Hurford A J, Green P F. 1983. The zeta age calibration of fission-track dating. Chemical geology, 41: 285~317.

Jolivet M, Brunel M, Seward D, et al. 2001. Mesozoic and Cenozoic tectonics of the northern edge of the Tibetan plateau: fission-track constraints. Tectonophysics, 343 (1-2): 111~134.

Kapp P, DeCelles P G, Gehrels G E, et al. 2007. Geological records of the Lhasa-Qiangtang and Indo-Asian collisions in the Nima area of central Tibet. Geological Society of America Bulletin, 119 (7-8): 917.

Ketcham R A. 2005. Forward and inverse modeling of low-temperature thermochronometry data. Reviews in Mineralogy and Geochemistry, 58 (1): 275~314.

Kirby E, Reiners P W, Krol M A, et al. 2002. Late Cenozoic evolution of the eastern margin of the Tibetan Plateau: Inferences from 40Ar/39Ar and (U-Th) /He thermochronology. Tectonics, 21 (1): 1~20.

Li Z W, Liu S G, Chen H D, et al. 2012. Spatial variation in Meso-Cenozoic exhumation history of the Longmen Shan thrust belt (eastern Tibetan Plateau) and the adjacent western Sichuan basin: constraints from fission track thermochronology. Journal of Asian Earth Sciences, 47: 185~203.

Montgomery D R, Balco G, Willett S D. 2001. Climate, tectonics, and the morphology of the Andes. Geology, 29 (7): 579.

Ouimet W, Whipple K, Royden L, et al. 2010. Regional incision of the eastern margin of the Tibetan Plateau. Lithosphere, 2 (1): 50.

Pignalosa A, Zattin M, Massironi M, et al. 2011. Thermochronological evidence for a late Pliocene climate-induced erosion rate increase in the Alps. International Journal of Earth Sciences, 100 (4): 847~859.

Raymo M, Ruddiman W F. 1992. Tectonic forcing of late Cenozoic climate. Nature, 359 (6391): 117~122.

Reiners P W, Ehlers T A, Mitchell S G, et al. 2003. Coupled spatial variations in precipitation and long-term erosion rates across the Washington Cascades.

Reiners P W, Ehlers T A, Zeitler P K. 2005. Past, present, and future of thermochronology. Reviews in Mineralogy and Geochemistry, 58 (1): 1~18.

Robert X, van der Beek P, Braun J, et al. 2011. Control of detachment geometry on lateral variations in exhumation rates in the Himalaya: Insights from low-temperature thermochronology and numerical modeling. Journal of Geophysical Research, 116: B05202.

Rohrmann A, Kapp P, Carrapa B, et al. 2012. Thermochronologic evidence for plateau formation in central Tibet by 45 Ma. Geology, 40 (2): 187~190.

Schildgen T F, Hodges K V, Whipple K X, et al. 2007. Uplift of the western margin of the Andean plateau revealed from canyon incision history, southern Peru. Geology, 35 (6): 523~526.

Shuster D L, Ehlers T A, Rusmoren M E, et al. 2005. Rapid glacial erosion at 1.8 Ma revealed by 4He/3He thermochronometry. Science, 310 (5754): 1569~1724.

Spotila J A. 2005. Applications of low-temperature thermochronometry to quantification of recent exhumation in mountain belts. Reviews in Mineralogy and Geochemistry, 58 (1): 449~466.

Stockli D F. 2005. Application of Low-Temperature Thermochronometry to Extensional Tectonic Settings. Reviews in Mineralogy and Geochemistry, 58 (1): 411~448.

Taylor J P, Fitzgerald P G. 2011. Low-temperature thermal history and landscape development of the eastern Adirondack Mountains, New York: Constraints from apatite fission-track thermochronology and apatite (U-Th) /He dating. Geological Society of America Bulletin, 123 (3-4): 412~426.

Thiede R C, Bookhagen B, Arrowsmith J R, et al. 2004. Climatic control on rapid exhumation along the Southern Himalayan Front. Earth and Planetary Science Letters, 222 (3-4): 791~806.

van der Beek P, Van Melle J, Guillot S, et al. 2009. Eocene Tibetan plateau remnants preserved in the northwest Himalaya. Nature Geoscience, 2 (5): 364~368.

Viola G, Anczkiewicz R. 2008. Exhumation history of the Red River shear zone in northern Vietnam: New insights from zircon and apatite fission-track analysis. Journal of Asian Earth Sciences, 33 (1-2): 78~90.

Wagner G, Reimer G. 1972. Fission track tectonics: the tectonic interpretation of fission track apatite ages. Earth and Planetary Science Letters, 14 (2): 263~268.

Wagner G, Van den Haute P. 1992. Fission track dating. Dordrecht, Kluwer Academic Publishers.

Wang E, Kirby E, Furlong K, et al. 2012. Two-phase growth of high topography in eastern Tibet during the Cenozoic. Nature Geoscience, 5 (9): 640~645.

Wang X X, Zattin M, Li J J, et al. 2011. Eocene to Pliocene exhumation history of the Tianshui-Huicheng region determined by Apatite fission track thermochronology: Implications for evolution of the northeastern Tibetan Plateau margin. Journal of Asian Earth Sciences, 42 (1-2): 97~110.

Whipple K X. 2009. The influence of climate on the tectonic evolution of mountain belts. Nature Geoscience, 2 (2): 97~104.

Willett S D. 1999. Orogeny and orography: The effects of erosion on the structure of mountain belts. Journal of Geophysical Research, 104 (B12): 28957~28928, 28981.

Willett S D, Schlunegger F, Picotti V. 2006. Messinian climate change and erosional destruction of the central European Alps. Geology, 34 (8): 613~616.

Wolf R, Farley K, Kass D. 1998. Modeling of the temperature sensitivity of the apatite (U - Th) /He thermochronometer. Chemical geology, 148 (1): 105~114.

Zheng D W, Zhang P Z, Wan J L, et al. 2006. Rapid exhumation at ~8Ma on the Liupan Shan thrust fault from apatite fission-track thermochronology: Implications for growth of the northeastern Tibetan Plateau margin. Earth and Planetary Science Letters, 248 (1-2): 198~208.

Low-temperature Thermochronology and Its Applications to Tibetan Plateau

Shen Xiaoming

(Key Laboratory of Crustal Dynamics, Institute of Crustal Dynamics, CEA, Beijing 100085, China)

Abstract: Low-temperature thermochronology mainly contains fission track (FT) and (U-Th) /He techniques. This study introduces the fundamental and experimental methods of fission track and (U-Th) /He dating. In addition, using the Tibetan Plateau as a classic area for the international highest level of low-temperature thermochronology, its applications to tectonics and geomorphology are also introduced.

Keywords: apatite fission track; (U-Th) /He dating; fundamental; experimentalmethod; Tibetan Plateau

河流阶地及其在活动构造研究中的应用

沈晓明[①]

（中国地震局地壳应力研究所地壳动力学重点实验室　北京　100085）

摘　要　河流阶地是过去的河床或河漫滩，因构造运动、气候变化和侵蚀基准面下降等原因导致河流下切侵蚀而形成的阶梯状地貌。它的形成发育和演化记录了构造活动区不同尺度的气候或构造运动状态的改变。本研究综述了河流阶地的研究历史、成因、测年与实测方法及其在活动构造研究中的应用，归纳了阶地形成过程中构造因素和气候因素的区分方法、各种阶地测年方法的适用性、阶地垂直和水平位移的测量方法，以及利用阶地定量分析活动断裂和活动褶皱的各种模型理论，指出加强对河流阶地形态、结构和时代的研究，可以获得许多活动断裂和活动褶皱的定量资料，为活动构造的地震危险性预测、工程场地的地震安全性评价以及地球动力学研究提供重要信息。

关键词　河流阶地　构造运动　气候变化　研究进展　活动构造

一、引　言

河流阶地是环境变化和地质构造运动的记录体，其在重建气候变化和构造演化等方面具有非常重要的研究价值（Maddy et al.，2000；Formento-Trigilio et al.，2003）；同时，河流阶地又往往是区内人类居所、农田、道路、工矿建设的主要分布场所。因此，对河流阶地的形成、发展、演化的研究成为大量学者关注的重要方面（Burbank et al.，1996；杨景春等，1998；Li et al.，1999；Maddy et al.，2000；Pan et al.，2003；常宏等，2005）。另外，阶地作为地表易于识别的地貌单元，是重要的地貌变形（位错）参考标志，在活动构造定量研究中扮演着重要角色（邓起东，2004；潘保田等，2004；张培震等，2008；张世民等，2008；田勤俭等，2009）。鉴于河流阶地的重要性，国内外学者对河流阶地的研究起步早，成果丰硕，在阶地地貌的形成原理、年代学和阶地地貌对构造运动、气候环境的响应及其定量研究构造活动等方面取得了显著进展（Bull，1979；Brakenridge，1981；沈玉昌和龚国元，1986；魏全伟等，2006；许刘兵和周尚哲，2007；张培震等，2008）。本文综述了河流阶地的研究历史、成因、测年技术及其实测方法，总结了河流阶地在定量

① 作者简介：沈晓明，男，博士，助理研究员，1983 年出生，构造地质学专业，主要从事构造地球化学研究。
E-mail：xiaoming_ shen@163. com。
基金项目：中央级公益性科研院所基本科研业务专项（ZDJ2012-02）；国家自然科学基金项目（41203044）。

研究活动构造方面的理论与方法，期望以此明确河流阶地的研究现状及其在活动构造研究中的应用。

二、河流阶地研究综述

河流阶地是过去的河床或河漫滩，因构造运动、气候变化和侵蚀基准面下降等原因导致河流下切侵蚀而形成的阶梯状地貌（杨景春和李有利，2005）。它包括阶地面、阶地陡坎、阶地前缘和阶地后缘等地形单元。阶地物质下部为砂砾石，上部为粉砂、黏土，具二元结构。本部分从研究历史、成因、测年技术和测量方法四个方面对河流阶地进行综述。

1. 研究历史

河流阶地早在 19 世纪中叶就被人们所认识（Darwin et al.，1846；Chambers，1848），到 20 世纪初开始受到广泛关注，并开始探讨其形成原因（Penck and Brückner，1909；Bull，1979；Brakenridge，1981）。20 世纪 20~30 年代河流阶地的概念开始在中国得到认识和发展（沈玉昌和龚国元，1986）。随着科学技术的发展以及方法和手段的不断更新，对阶地研究也取得了长足的进展。阶地研究经历了从简单描述到年代的准确测定和冲积物的高分辨率分析（Lewis et al.，2001；Hetzel et al.，2002；许刘兵和周尚哲，2008），从单一因素控制的简单模式（气候、构造和基准面变化之一）（Penck and Brückner，1909）到多因素控制的复杂模式（多个因素同时发挥作用）（Starkel，2003；潘保田等，2007；程建武，2010），从物理模拟（Schumm et al.，1987）到计算机-物理组合模拟等发展阶段（Veldkamp and Van Dijke，2000）。同时，随着遥感以及 GPS 等测量技术的日新月异，对阶地地貌的精确测量也取得前所未有的蓬勃发展（邓起东和闻学泽，2008；宫会玲等，2008；田勤俭等，2009）。

2. 成因

河流阶地的形成受控于多种因素（地质构造运动、环境气候变化和侵蚀基准面下降），其中最重要的因素是构造运动和气候变化。早期的研究往往认为，河流阶地的发育模式是受单因素控制的。如构造模式认为，河流阶地的发育主要受控于构造抬升，气候变化只起一定的作用，阶地发育时间并不与特定的气候状态严格对应（Maddy，1997；Holbrook and Schumm，1999；潘保田等，2000；Formento-Trigilio et al.，2003）；气候模式源于对第四纪以来构造相对稳定的主要受冰盖生、消控制的欧洲与北美地区河流阶地的研究，将阶地的形成归因于米兰科维奇天文周期控制的全球冰期-间冰期变化，其中冰期对应于河流的侧蚀加积期，间冰期对应于河流的下蚀切割期（Penck and Brückner，1909；Mol et al.，2000；胡小飞等，2007）。也有研究指出，河流加积形成于冰期-间冰期的过渡阶段（Maddy et al.，2001；Pan et al.，2003），认为加积与下切是由于气候变化引起的沉积及补给水量改变引起的。随着对河流阶地研究的深入，尤其自 20 世纪 70 年代以来，随着长序列、大尺度的气候变化序列的建立，人们发现即使在地面抬升强烈的活动造山带，气候变化仍有可能控制着河流阶地的形成时代（Pan et al.，2003；Maddy et al.，2005），并进一步指出河流阶地的形成是气候变化与地面抬升共同作用的结果，气候变化控制着河流堆积下切交替形成阶地的年代，而地面上升则为河流的下切提供了驱动力（图1）（Maddy et al.，2001；邢成起等，2001；Brocard et al.，2003；Starkel，2003；Bridgland et al.，2004）。模拟计算也证实，河流阶地的发育同时受控于地面抬升和气候变化，单纯的气候周期性振荡很难发育成阶地（Veldkamp and Van Dijke，2000）。上述研究表明，河流阶地的形成很可能受控于多种或是一种为主、其它为辅的多因素，具体以哪种为主导取决于构造、气候或者构造-气候耦合系统以及其他因素各自对河流系统的影响程度。

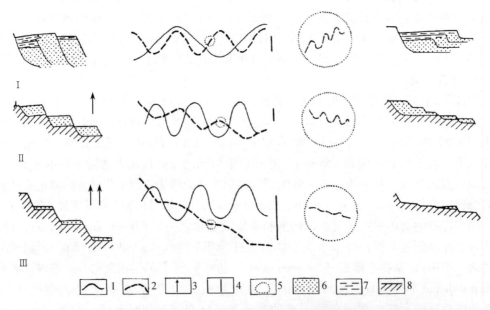

图1   构造上升区域内河流系统对第四纪气候旋回的响应模式（据Starkel，2003）

I. 构造稳定区域内的气候旋回；II. 轻微构造抬升区域内的状况；III. 强烈构造上升区域内的状况；左列表示典型的阶地序列；左二列表示冰期—间冰期旋回（向下表示冷期；向上表示暖期）与河道下切（向下）-加积（向上）交替变化的耦合情况；右二列表示左二列曲线上的圆圈内容的放大部分；右列表示反映次级气候旋回的阶地序列. 图例：1-温度变化曲线；2-沉积物通量变化曲线；3-构造抬升趋势；4-垂直变化比例；5-曲线的放大部分；6-河流相沉积物；7-河漫滩相沉积物；8-基岩

尽管河流阶地的实际形成过程要复杂得多，但仍可以通过对阶地地貌形态、沉积物特征和阶地形成时代等地质方法揭示其发育过程。目前国内外学者广泛采用以下4种方法分析阶地形成的构造因素和气候因素：①阶地类型：以气候变化为主导因素形成的阶地，阶地之间的高差通常较小，多形成堆积阶地；而构造抬升多形成基座阶地或侵蚀阶地（潘保田等，2000）；②地形学方法：通过分析河流阶地纵剖面判断河流阶地是否存在变形，由此来推断阶地的形成是否与地面的差异性抬升有关。如Burbank（1996）对喜马拉雅西北部印度河Nanga Parbat段阶地纵剖面变形的研究认为，阶地纵向拱曲变形不是岩石抗侵蚀能力差异的结果，而是地面差异性抬升的结果；③地层学方法：是判断河流堆积、下切是发生在冰期还是间冰期最有效的方法，即在阶地沉积物中寻找可反映冰期或间冰期环境的相关地质证据，如化石或孢粉证据等（Lewis et al.，2001）。Starkel（2003）根据中欧地区河流阶地的研究提出了识别气候变化成因阶地的一些地层学标志，例如阶地砾石层属加积类型，一般具有多个二元结构，沉积砾石中多见坡积物与砾石层交错互层，阶地的底部经常是倾斜状的等。值得注意的是，在中国黄土高原地区河流下切形成阶地时的气候环境可以由堆积于阶地面上的风成黄土最底部地层所代表的气候环境来推测（朱照宇，1989；潘保田等，2007）；④年代学方法：测定阶地的形成年龄不仅能为河流系统的演化过程、阶地的对比研究提供时间标尺，而且还能将所研究的阶地序列同已经建立的气候变化记录或构造事件进行对比，推测河流阶地形成的受控因素（Hancock et al.，1999）。

3. 测年技术

河流阶地年龄测定是研究阶地的基础和前提。在精确的河流阶地定年的基础上，可以深入地研究河流演化、气候变迁、构造活动，计算河流下切速率，进而反演山地或高原的抬升速率，为研究区的构造及地貌演化提供佐证。然而，河流阶地研究的最大难点往往也就是阶地形成年代的测定。目前河流阶地定年使用的方法主要有^{14}C（Litchfield and Berryman，2005；Carcaillet et al.，2009）、热释光（TL）（Zhou et al.，1995）、光释光（OSL）（Martins et al.，2009）、铀系（U/Th）（Kock et al.，2009）、电子自旋共振（ESR）（Zhou et al.，2002；许刘兵和周尚哲，2008）、古地磁（Li et al.，2001）以及原地宇宙成因核素（TCN）（Repka et al.，1997；Schaller et al.，2002）等（表1）。其中多数测年方法不是受其测年时段或精度的影响无法准确测出第四纪地貌面的年龄，就是对采样条件要求苛刻以至无法推广（陈文寄等，1999）。^{14}C方法因受到定年材料（有机物）和测年上限（50ka）的限制而在许多阶地定年中无法使用；TL和OSL定年精度受到沉积物中的放射性元素和异常晒退等因素的影响，并且超过300 ka的样品往往已达到饱和无法测年；U系法测定的是次生碳酸盐形成后的年龄，河流阶地沉积物的沉积与次生碳酸盐形成间的时间因难以确定而影响其测年结果；ESR法受影响因素较多且不够完善，而且其在埋藏期间的信号衰退也影响其测年结果；古地磁法主要是通过测定阶地上沉积连续的黄土地层年代间接得到阶地形成时间，获得的是相对年龄；宇宙成因核素定年由于测年样品较易获得和适用于整个第四纪时间范围等优势，近年来在河流阶地定年中受到广泛青睐（Guralnik et al.，2011），然而该方法受继承核素和阶地侵蚀两个因素影响较大（Hancock et al.，1999；李英奎等，2005）。因此，在实际工作中应根据各种定年方法的特点结合具体地质条件，选择合适的阶地定年方法。

表1 河流阶地测年方法比较（据徐锡伟等，2011）

测年方法	基本原理	测年范围	测年材料	测试仪器	影响因素
碳十四（^{14}C）	放射性^{14}C衰变	数百年至5万年	含碳物质	液闪仪、加速器质谱（AMS）	易受污染；有些阶地不易获得理想的含碳样品
光释光（OSL）	晶体接受电离辐射的能量受光激发	数百年至80万年	石英、长石	Daybreak，Risø	异常晒退

续表

测年方法	基本原理	测年范围	测年材料	测试仪器	影响因素
热释光（TL）	晶体接受电离辐射的能量受热激发	数百年－80万年	石英、长石	Daybreak，Risø	样品形成时是否经历约30小时完全曝光
铀系（U Series）	^{238}U、^{235}U衰变为^{230}Th	几十年－40万年	次生碳酸盐	多接受等离子质谱（MC-ICPMS）、热电离质谱（TIMS）	间接年龄，存在时间间隔
古地磁（Paleomagnetism）	地磁方向转换	几十万年－5百万年	黄土层	超导磁力仪	间接年龄，存在时间间隔；地域局限
宇成核素（TCN）	宇宙射线粒子轰击地表产生新核素	数百年－千万年	石英（^{10}Be、^{26}Al）、灰岩（^{36}Cl）	加速器质谱（AMS）	继承性核素；阶地侵蚀

4. 测量方法

活动构造的定量研究需要获取一系列的变形参数，其中断层位移量是最基础的活动性参数之一（邓起东，2004）。活动断裂带附近阶地的发育，往往记录了断裂的活动时间和强度的信息。因而，进行详细的阶地测量，是开展活动断裂定量研究的重要技术途径。

正断层和逆冲断层造成的垂直位移量可以通过测量阶地的拔河高度、计算阶地高差确定（马保起等，2005；张世民等，2010；徐伟等，2011）；而走滑断层造成的水平位移量则通过将冲沟（或河流）左右壁和沟心恢复到位移前的平直位置，然后再测量位移量获得（图2）（王峰等，2004；Li et al.，2009）。测量误差的大小取决于断错前阶地形态的保存和测量手段。

对于如何高效、高质量地获得断层位移量，多年来地质工作者做了多方面的探索，如对变形地貌进行皮尺、平板仪或全站仪的现场实测，使用航片、卫片、遥感影像的判读或者直接利用地形图进行解译以及三维可视化电脑技术的帮助等。这些方法成为获取断错地貌图像以及分析位移量的重要手段；这方面已发表了许多有关活动断裂的断错地貌及平均滑动速率成果（徐锡伟等，2003，2005；王峰等，2004；杨晓平等，2006；任俊杰等，2007；邓起东和闻学泽，2008；Li et al.，2009）。近几年，随着高精度测量技术的发展，差分GPS测量技术广泛应用于变形地貌测量，使地震位错米级尺度的阶地高精度位移测量成为可能（沈军等，2001；王林等，2008；田勤俭等，2009；杨晓平等，2009）。同时，中国有学者已将高分辨率DEM（数字高程模型）数据应用到大尺度或区域阶地的提取和变形分析中（宫会玲等，2008）。需要指出的是，上述不同的测量手段适用于不同的测量尺度需求和实际地质条件，在具体应用中都存在一定的局限性，但最根本的原则是要通过扎实的野外工作对断错地貌进行核实修正和实测，与其它测量技术的使用做到优势互补。

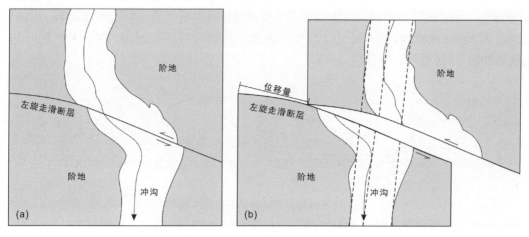

图 2 河流阶地走滑断错位移量确定方法示意图
（a）阶地断错地貌；（b）恢复的断错前可能位置

三、河流阶地在活动构造研究中的应用

河流阶地作为地表易于识别的地貌单元，是活动构造定量研究中最重要的参考标志之一（杨景春和李有利，2005）。地壳整体均衡抬升状态下河流下切侵蚀形成的河流阶地，各级阶地纵向分布大致平行。当河流由山地流向平原或盆地时，如果经过了活动断裂带或活动褶皱带，河流阶地纵剖面就可能表现为错断或拱曲变形。活动断裂或活动褶皱可能在阶地形成时发生错断或拱曲，也可能在阶地形成后发生运动，这在阶地形态特征上都有不同的表现。通过对河流阶地的形态变化、结构和时代的研究，可以获得许多活动断裂和活动褶皱的定量资料（史兴民等，2004；杨景春和李有利，2011），这些资料不仅可以直接应用于活动构造的地震危险性预测和工程场地的地震安全性评价，还可为地球动力学研究提供不可缺少的重要信息（邓起东，2004；王峰等，2004；李勇等，2006；任俊杰等，2007；张培震等，2008）。

1. 错断变形

根据阶地面的垂直或水平错断可以分析断裂活动的方式、幅度、速率、历史和活动周期（马保起等，2005；李勇等，2006；Zhang et al.，2007；Li et al.，2009；张世民等，2010；孙昌斌等，2011；徐伟等，2011）。当断层错断阶地时，正断层和逆冲断层表现为垂直位错，走滑断层表现为水平位错。在实际工作中，阶地垂直变形较容易鉴别，表现为同一级阶地在断层两侧的高度变化，而阶地水平错移变形就难以辨认，需要进行阶地填图、沉积物分析和年代测定后才能确定（杨景春和李有利，2011）。

断层垂直活动的幅度、时间和次数决定各级阶地的错动幅度。如果断层在各级阶地形成后只有一次活动，那么在断层活动前形成的阶地将全部错断，错幅相等。如果断层多次活动，并与阶地形成同时，则各级阶地错断幅度不等，时代越老错幅越大（图3）。后者可由最新一级错断阶地的位错量向高级阶地逐级反推得出断层活动的次数（图3a）。如果能确定被断错的阶地时代，就可以推算每次断层活动的时间和速率（Van Der Woerd et al.，1998；马保起等，2005）。

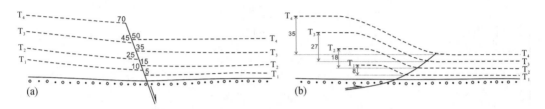

图3 断层垂直活动错断河流阶地

（a）正断层错断河流阶地（据杨景春和李有利，2011），阶地形成过程中有3次活动：最近的一次 T_1 形成时或

形成以后，错距5m；T_2 形成时的一次活动，错距5m；T_3 形成时断层没有活动；T_4 形成时断层活动，错距

10m。（b）逆断层错断河流阶地（据王林等，2008），阶地累积位错，由 T_1 至 T_4 错距逐渐增大

走滑断层使阶地发生水平错位，断层位移幅度以阶地后缘陡坎的错幅为标准来确定。当断层发生水平错动时，阶地错断而不连续，同时河流发生弯曲。随后，河流下切侵蚀形成新的阶地，当断层又一次活动时，新阶地被错开一定距离，老阶地再次被错开，在被错断河段，老阶地缺失。所以老阶地的水平断距比新阶地的要大，各级阶地间断的距离是断层不同时期水平运动的错幅。阶地纵剖面上的阶地缺失间断的长度不同反映出断层水平活动幅度、活动次数和活动性质，主要有以下4种模式（图4）：①断层长期水平活动，阶地由老到新错幅依次变小；②断层多次间歇水平活动，错幅相等的阶地经历了相同的断层活动；③断层长期稳定，在最新阶地形成后发生水平错动，各级阶地错幅相等；④断层在长期水平蠕动过程中出现一次急剧活动，某两级相邻阶地的错幅较大。

断裂滑动速率是活动构造定量研究的最重要参数之一（邓起东，2004）。目前断裂晚更新世滑动速率主要利用地貌面（如河流阶地陡坎、台地上发育的冲沟等）的总位移量除以其累积时间（往往用地貌面的年代所代替）来限定。河流阶地陡坎是一种常见的地貌现象，其显著的线性特征使其很容易被恢复到位错之前的形态和位置，从而能够较准确地确定位移量，而且其上下阶地面的沉积和废弃年代相对容易被测定，因此河流阶地陡坎的位错常常被用来确定断裂的长期和平均滑动速率（Weldon and Sieh，1985；张培震等，2008）。然而，准确确定断裂滑动速率并不容易，确定方法仍存争论（Cowgill，2007），研究者利用不同方法测定的同一条断裂的滑动速率可以相差3倍。张培震等（2008）通过对河流阶地演化与断裂走滑位移响应的分析，提出3种利用河流阶地确定走滑断裂滑动速率的方法：一是利用上下阶地年龄限定断裂走滑速率的方法（极大值和极小值的平均值）；二是利用上阶地废弃年龄限定错离河道一侧阶地陡坎位移起始年龄的方法；三是利用下阶地初始沉积年龄限定错离河道一侧阶地陡坎位移起始年龄的方法。这些方法在海原断裂和阿尔金断裂的全新世滑动速率研究中获得显著成效。

2. 拱曲变形

河流阶地拱曲变形主要与活动褶皱有关。阶地褶皱变形主要有以下几种模式（图5）：

①褶皱构造如发生在所有阶地形成之后，各级阶地变形程度相同（图5（a））；②如果褶皱构造和各级阶地同时形成，则时代愈老的阶地变形程度愈大（图5（b））；③如果老阶地变形强，新阶地变形弱，其中某两级阶地变形程度相同，说明褶皱构造长期活动中有间断（图5（c））；④如果老阶地褶皱变形，新阶地没有变形，说明近期褶皱构造活动停止（图5（d））。

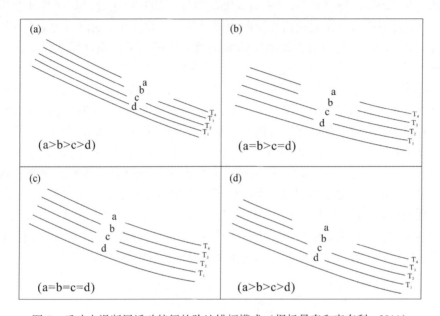

图4　反映走滑断层活动特征的阶地错幅模式（据杨景春和李有利，2011）

（a）断层长期水平活动；（b）断层多次间歇水平活动；（c）断层长期稳定，最近阶地形成后活动；
（d）断层长期水平蠕动中出现急剧活动。图中a、b、c、d代表各级阶地的错幅

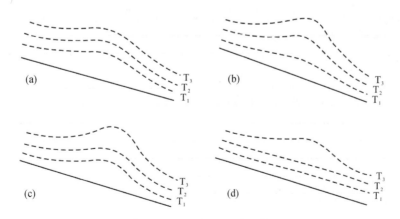

图5　河流阶地褶皱变形的几种模式（据杨景春和李有利，2011）

（a）褶皱发生在所有阶地形成之后；（b）褶皱与各级阶地同时形成；
（c）褶皱长期活动中有间断；（d）近期褶皱活动停止

以阶地变形前的纵剖面为基准线，可计算阶地上升量和缩短量，再根据阶地形成的时间，得到地壳上升速率和缩短速率。由于高阶地的变形幅度是多期构造活动的累积量，应根据某一阶地的上升幅度减去相邻低一级阶地的上升幅度，则是该阶地形成时期的上升量，已知相邻两级阶地形成时间，得到每一级阶地形成时的上升速率和缩短速率。河流阶地在中国天山地区活动褶皱的定量研究中得到广泛应用（Molnar et al.，1994；邓起东等，2000；陈杰等，2005；杨晓平等，2006），如沈军等（2001）通过对河流阶地变形测量和年代学研究，计算出塔里木盆地西北缘阿图什背斜带晚更新世末期以来的地壳缩短率。最近，张世民等（2010）通过对大渡河阶地纵剖面测量揭示了青藏高原东缘龙门山地区的拱曲变形。

除了活动构造外，阶地资料还可用以分析区域新构造演化（杨景春等，1998；郑文涛和杨景春，2000；史兴民等，2004），主要有以下几种类型：①将阶地的发育直接与新构造运动联系起来，如兰州黄河发育的6级阶地被认为反映了青藏高原隆升过程中的6次构造运动（李吉均和方小敏，1996）；②根据与河流阶地具有共生关系的地貌面综合分析区域构造运动，如张世民等（2007）通过对五台山北麓麓原面与河流阶地联合地貌面的研究揭示出五台山断块山地第四纪以来经历了6次快速隆升事件；③计算河流下切速率，进而研究地面抬升（Burbank et al.，1996；Li et al.，1997；Maddy et al.，2001）。虽然河流的下切速率并不一定准确地反映地面抬升速率，但是它能够反映地面变化的总趋势，如Maddy等（1997）认为泰晤士河的下切速率能够很好地反映地面抬升速率。

四、结　　语

通过对河流阶地的研究历史、成因、测年技术及测量方法的全面综述，结合其在活动构造研究领域的应用，得到以下几点主要认识：

（1）河流阶地的形成主要受控于构造运动、气候变化和基准面下降，往往是多因素作用的结果，可通过阶地类型、地形学、地层学和年代学研究揭示其发育过程；

（2）河流阶地年龄测定是研究阶地的基础和前提，应根据各种测年技术的特点结合具体的地质条件，选择合适的阶地定年方法；

（3）正、逆断层造成的垂直位移通过断层两盘同一级阶地面高差来确定，走滑断层造成的水平位移通过断层两盘同一级阶地前缘陡坎沿断裂带走向的水平距离、或通过恢复河道（冲沟）的原始位置来确定。

（4）通过对河流阶地的形态、结构和时代的研究，可以获得许多有关活动断裂和活动褶皱的定量资料，为活动构造的地震危险性预测、工程场地的地震安全性评价以及地球动力学研究提供重要信息。

（5）由于长期的侵蚀破坏，被断层错断的阶地很难全部保存下来，大多数情况下都变得残缺不全，需要进行细致的野外填图和阶地对比才能取得较好效果。

参 考 文 献

常宏，张培震，安芷生等．2005．昆仑山北坡鸭子泉河阶地发育及其构造-气候意义．科学通报，50（9）：912～917．

陈杰，Scharer K M，Burbank D W 等．2005．西南天山明尧勒背斜的第四纪滑脱褶皱作用．地震地质，27（4）：530～547．

陈文寄，计凤桔，王非．1999．年轻地质体系的年代测定（续）-新方法、新进展．北京：地震出版社．

程建武．2010．根据孢粉记录和阶地结构分析川西安宁河Ⅰ～Ⅲ级阶地成因．中国科学：D辑，10：1410～1419．

邓起东，冯先岳，张培震等．2000．天山活动构造．北京：地震出版社．

邓起东，闻学泽．2008．活动构造研究-历史、进展与建议．地震地质，30（1）：1～30．

邓起东，陈立春，冉勇康．2004．活动构造定量研究与应用．地学前缘，11（4）：383～392．

宫会玲，冉勇康，陈立春．2008．基于DEM的阶地分析方法-以安宁河断裂紫马跨地区为例．地震地质，30（1）：339～348．

胡小飞，潘保田，苏怀等．2007．宛川河阶地的年代与下切机制．地理科学，27（6）：808～813．

李吉均，方小敏．1996．晚新生代黄河上游地貌演化与青藏高原隆起．中国科学：D辑，26（4）：316～322．

李英奎，Harbor J，刘耕年等．2005．宇宙核素地学研究的理论基础与应用模型．水土保持研究，12（4）：139～145．

李勇，周荣军，Densmore A L 等．2006．青藏高原东缘龙门山晚新生代走滑-逆冲作用的地貌标志．第四纪研究，26（1）：40～51．

马保起，苏刚，侯治华等．2005．利用岷江阶地的变形估算龙门山断裂带中段晚第四纪滑动速率．地震地质，（02）：234～242．

潘保田，邬光剑，王义祥等．2000．祁连山东段沙沟河阶地的年代与成因．科学通报，45（24）：2669～2675．

潘保田，高红山，李炳元等．2004．青藏高原层状地貌与高原隆升．第四纪研究，24（1）：50～58．

潘保田，苏怀，刘小丰等．2007．兰州东盆地最近1.2Ma的黄河阶地序列与形成原因．第四纪研究，27（2）：172～180．

任俊杰，张世民，侯治华等．2007．滇西北通甸-巍山断裂中段的晚第四纪滑动速率．地震地质，29（4）：756～764．

沈军，赵瑞斌，李军等．2001．塔里木盆地西北缘河流阶地变形测量与地壳缩短速度．科学通报，46（4）：334～338．

沈玉昌，龚国元．1986．河流地貌学概论．北京：科学出版社．

史兴民，杨景春，李有利等．2004．天山北麓玛纳斯河河流阶地变形与新构造运动．北京大学学报：自然科学版，40（6）：971～978．

孙昌斌，谢新生，许建红．2011．罗云山山前断裂带阶地调查研究及其构造意义．中国地震，27（2）：126～135．

田勤俭，郝凯，王林等．2009．汶川8.0级地震发震断层逆冲活动的地震地貌与古地震初步研究．第四纪研究，29（3）：464～471．

王峰，徐锡伟，郑荣章．2004．用阶地测量方法探讨阿尔金断裂中段全新世滑动速率．地震地质，26（1）：61～70．

王林，田勤俭，马保起等．2008．汶川8．0级地震发震断层的累积地震位错研究．地震地质，30（4）：1012～1022．

魏全伟，谭利华，王随继．2006．河流阶地的形成、演变及环境效应．地理科学进展，25（3）：55～61．

邢成起，丁国瑜，卢演俦等．2001．黄河中游河流阶地的对比及阶地系列形成中构造作用的多层次性分析．中国地震，17（2）：187～201．

徐伟，刘旭东，张世民．2011．口泉断裂中段晚第四纪以来断错地貌及滑动速率确定．地震地质，33（2）：335～346．

徐锡伟，Tapponnier P，Van Der Woerd J等．2003．阿尔金断裂带晚第四纪左旋走滑速率及其构造运动转换模式讨论．中国科学：D辑，33（10）：967～974．

徐锡伟，闻学泽，于贵华等．2005．川西理塘断裂带平均滑动速率、地震破裂分段与复发特征．中国科学：D辑，35（6）：540～551．

徐锡伟，赵伯明，马胜利等．2011．活动断层地震灾害预测方法与应用．北京：科学出版社．

许刘兵，周尚哲．2007．河流阶地形成过程及其驱动机制再研究．地理科学，27（5）：672～677．

许刘兵，周尚哲．2008．青藏高原东部牙着库河流阶地研究．地质学报，82（2）：269～280．

杨景春，谭利华，李有利等．1998．祁连山北麓河流阶地与新构造演化．第四纪研究，（03）．

杨景春，李有利．2005．地貌学原理．北京：北京大学出版社．

杨景春，李有利．2011．活动构造地貌学．北京：北京大学出版社．

杨晓平，冉勇康，程建武等．2006．柯坪推覆构造中的几个新生褶皱带阶地变形测量与地壳缩短．中国科学：D辑，36（10）：905～913．

杨晓平，陈立春，李安等．2009．西南天山阿图什背斜晚第四纪的阶段性隆升．地学前缘，16（3）：160～170．

张培震，李传友，毛凤英．2008．河流阶地演化与走滑断裂滑动速率．地震地质，30（1）：44～57．

张世民，任俊杰，聂高众．2007．五台山北麓第四纪麓原面与河流阶地的共生关系．科学通报，52（2）：215～222．

张世民，任俊杰，罗明辉等．2008．忻定盆地周缘山地的层状地貌与第四纪阶段性隆升．地震地质，30（1）：187～201．

张世民，丁锐，毛昌伟等．2010．青藏高原东缘龙门山山系构造隆起的地貌表现．第四纪研究，30（4）：791～802．

郑文涛，杨景春．2000．武威盆地晚更新世河流阶地变形与新构造活动．地震地质，22（3）：318～328．

朱照宇．1989．黄河中游河流阶地的形成与水系演化．地理学报，44（4）：429～440．

Brakenridge G R. 1981. Late Quaternary floodplain sedimentation along the Pomme de Terre River, southern Missouri. Quaternary Research, 15 (1): 62～76.

Bridgland D, Maddy D, Bates M. 2004. River terrace sequences: templates for Quaternary geochronology and marine¨Cterrestrial correlation. Journal of Quaternary science, 19 (2): 203～218.

Brocard G Y, Van der Beek P A, Bourles D L, et al. 2003. Long-term fluvial incision rates and postglacial river relaxation time in the French Western Alps from 10Be dating of alluvial terraces with assessment of inheritance, soil development and wind ablation effects. Earth and Planetary Science Letters, 209 (1-2): 197～214.

Bull W B. 1979. Threshold of critical power in streams. Bulletin of the Geological Society of America, 90 (5): 453.

Burbank D W, Leland J, Fielding E, et al. 1996. Bedrock incision, rock uplift and threshold hillslopes in the northwestern Himalayas. Nature, 379: 505～510.

Carcaillet J, Mugnier J, Koi R, et al. 2009. Uplift and active tectonics of southern Albania inferred from incision of alluvial terraces. Quaternary Research, 71 (3): 465 ~476.

Chambers R. 1848. Ancient sea-margins: as memorials of changes in the relative level of sea and land. W. & R. Chambers.

Cowgill E. 2007. Impact of riser reconstructions on estimation of secular variation in rates of strike - slip faulting: Revisiting the Cherchen River site along the Altyn Tagh Fault, NW China. Earth and Planetary Science Letters, 254 (3): 239 ~255.

Darwin C, Sowerby G B, Forbes E. 1846. Geological observations on South America. London, Smith, Elder and Co.

Formento-Trigilio M L, Burbank D W, Nicol A, et al. 2003. River response to an active fold-and-thrust belt in a convergent margin setting, North Island, New Zealand. Geomorphology, 49 (1-2): 125 ~152.

Guralnik B, Matmon A, Avni Y, et al. 2011. Constraining the evolution of river terraces with integrated OSL and cosmogenic nuclide data. Quaternary Geochronology, 6 (1): 22 ~32.

Hancock G S, Anderson R S, Chadwick O A, et al. 1999. Dating fluvial terraces with 10Be and 26Al profiles: application to the Wind River, Wyoming. Geomorphology, 27 (1-2): 41 ~60.

Hetzel R, Niedermann S, Tao M, et al. 2002. Low slip rates and long-term preservation of geomorphic features in Central Asia. Nature, 417 (6887): 428 ~432.

Holbrook J, Schumm S. 1999. Geomorphic and sedimentary response of rivers to tectonic deformation: a brief review and critique of a tool for recognizing subtle epeirogenic deformation in modern and ancient settings. Tectonophysics, 305 (1-3): 287 ~306.

Kock S, Kramers J D, Preusser F, et al. 2009. Dating of Late Pleistocene terrace deposits of the River Rhine using Uranium series and luminescence methods: Potential and limitations. Quaternary Geochronology, 4 (5): 363 ~373.

Lewis S, Maddy D, Scaife R. 2001. The fluvial system response to abrupt climate change during the last cold stage: the Upper Pleistocene River Thames fluvial succession at Ashton Keynes, UK. Global and Planetary Change, 28 (1-4): 341 ~359.

Li C Y, Zhang P Z, Yin J H, et al. 2009. Late Quaternary left-lateral slip rate of the Haiyuan fault, northeastern margin of the Tibetan Plateau. Tectonics, 28 (5): TC5010.

Li J J, Fang X M, Van der Voo R, et al. 1997. Magnetostratigraphic dating of river terraces: Rapid and intermittent incision by the Yellow River of the northeastern margin of the Tibetan Plateau during the Quaternary. Journal of Geophysical Research, 102 (B5): 10121 ~10132.

Li J J, Xie S Y, Kuang M S. 2001. Geomorphic evolution of the Yangtze Gorges and the time of their formation. Geomorphology, 41 (2-3): 125 ~135.

Li Y L, Yang J C, Tan L, et al. 1999. Impact of tectonics on alluvial landforms in the Hexi Corridor, Northwest China. Geomorphology, 28 (3-4): 299 ~308.

Litchfield N J, Berryman K R. 2005. Correlation of fluvial terraces within the Hikurangi Margin, New Zealand: implications for climate and baselevel controls. Geomorphology, 68 (3-4): 291 ~313.

Maddy D. 1997. Uplift-driven valley incision and river terrace formation in southern England. Journal of Quaternary science, 12 (6): 539 ~545.

Maddy D, Bridgland D, Green C. 2000. Crustal uplift in southern England: evidence from the river terrace records. Geomorphology, 33 (3-4): 167 ~181.

Maddy D, Bridgland D, Westaway R. 2001. Uplift-driven valley incision and climate-controlled river terrace development in the Thames Valley, UK. Quaternary International, 79 (1): 23 ~ 36.

Maddy D, Demir T, Bridgland D R, et al. 2005. An obliquity-controlled Early Pleistocene river terrace record from Western Turkey? Quaternary Research, 63 (3): 339 ~ 346.

Martins A, Cunha P P, Huot S, et al. 2009. Geomorphological correlation of the tectonically displaced Tejo River terraces (Gaviao-Chamusca area, central Portugal) supported by luminescence dating. Quaternary International, 199 (1-2): 75 ~ 91.

Mol J, Vandenberghe J, Kasse C. 2000. River response to variations of periglacial climate in mid-latitude Europe. Geomorphology, 33 (3-4): 131 ~ 148.

Molnar P, Brown E T, Burchfiel B C, et al. 1994. Quaternary climate change and the formation of river terraces across growing anticlines on the north flank of the Tien Shan, China. The Journal of Geology: 583 ~ 602.

Pan B T, Burbank D, Wang Y X, et al. 2003. A 900 ky record of strath terrace formation during glacial-interglacial transitions in northwest China. Geology, 31 (11): 957.

Penck A, Brückner E, 1909. Die Alpen im Eiszeitalter. Tauchnitz, Leipzig.

Repka J L, Anderson R S, Finkel R C. 1997. Cosmogenic dating of fluvial terraces, Fremont River, Utah. Earth and Planetary Science Letters, 152 (1-4): 59 ~ 73.

Schaller M, Von Blanckenburg F, Veldkamp A, et al. 2002. A 30 000 yr record of erosion rates from cosmogenic 10Be in Middle European river terraces. Earth and Planetary Science Letters, 204 (1-2): 307 ~ 320.

Schumm S A, Mosley M P, Weaver W E. 1987. Experimental fluvial geomorphology. Wiley and Sons, New York.

Starkel L. 2003. Climatically controlled terraces in uplifting mountain areas. Quaternary Science Reviews, 22 (20): 2189 ~ 2198.

Van Der Woerd J, Ryerson F, Tapponnier P, et al. 1998. Holocene left-slip rate determined by cosmogenic surface dating on the Xidatan segment of the Kunlun fault (Qinghai, China). Geology, 26 (8): 695.

Veldkamp A, Van Dijke J. 2000. Simulating internal and external controls on fluvial terrace stratigraphy: a qualitative comparison with the Maas record. Geomorphology, 33 (3-4): 225 ~ 236.

Weldon R J, Sieh K E. 1985. Holocene rate of slip and tentative recurrence interval for large earthquakes on the San Andreas fault, Cajon Pass, southern California. Geological Society of America Bulletin, 96 (6): 793 ~ 812.

Zhang P Z, Molnar P, Xu X. 2007. Late Quaternary and present-day rates of slip along the Altyn Tagh Fault, northern margin of the Tibetan Plateau. Tectonics, 26 (5): TC5010.

Zhou L, Dodonov A, Shackleton N. 1995. Thermoluminescence dating of the Orkutsay loess section in Tashkent region, Uzbekistan, Central Asia. Quaternary Science Reviews, 14: 721¨C730.

Zhou S, Li J, Zhang S. 2002. Quaternary glaciation of the Bailang river valley, Qilian Shan. Quaternary International, 97: 103 ~ 110.

River Terrace and Its Application to Active Tectonics

Shen Xiaoming

(Key Laboratory of Crustal Dynamics, Institute of Crustal Dynamics, CEA, Beijing 100085, China)

Abstract: River terrace, a ladder shape landform, was formed from past riverbed or flood plain by river incision. It was mainly controlled by tectonic processes, climate change and base level decline. The formation and evolution of the river terraces recorded the changes of the climate and/or tectonic movement at different scales in tectonically active area. In this study, the history, genesis, dating and measurement methods of the river terraces were briefly reviewed and then the theory and method of applying river terraces to quantitative research of active tectonics were mainly presented. We summarized the differences between tectonic and climate effects during the terraces formation, the applicability of several terrace dating methods, vertical and horizontal displacement measurement methods of terrace deformation and model theories of quantitatively analyzing the active faults and folds using terraces. Finally, we indicate that strengthening the studies of configuration, structure and age of the terraces can provide important information for not only the prediction of seismic risk and the seismic safety evaluation of engineering sites, but also the geodynamics.

Keywords: river terrace; tectonic processes; climate change; research advance; active tectonics

低频地质雷达在活断层探测的应用[①]

何仲太[1,2]

（1. 中国地震局地壳应力研究所　北京　100085）

（2. 北京大学地球与空间科学学院　北京　100871）

摘　要　地质雷达在活断层探测中的应用很少，通过瑞典 MALA 公司生产的主机 ProEx，结合 RTA25M 地面耦合天线和 100M 屏蔽天线在内蒙乌拉山山前断裂和北京夏垫断裂的探测实例，验证了低频地质雷达在活断层探测的可行性。实验结果表明，RTA25M 地面耦合天线对第四纪地层覆盖区 25m 深度范围内的活断层具有较好的探测效果。

关键词　低频地质雷达　活断层探测　乌拉山山前断裂　夏垫断裂

一、引　言

地质雷达（Ground Penetrating Radar，简称 GPR），又称探地雷达，是基于不同介质的电性差异，利用主频为数十赫兹至千兆赫兹波段的电磁波，探测隐蔽介质分布和目标体的一种高新地球物理方法（李大心，1994）。现阶段地质雷达在我国的应用领域主要包括公路、铁路质量检测；城市基础设施探测；隧道检测；岩土工程勘察与地质勘探；堤坝、库岸等水利工程探测；考古探测；环境检测等（杨天春等，2003；袁明德等，2002；朱自强等，2007；葛双成等，2005，2006，2007；钟世航，2002；刘敦文等，2002；王俊如等，2002）。

活断层在活动时可以在地表形成破裂，保留在地表的断层地貌为研究者提供了很好的素材。而很多活动断层的上断点并未到达地表，或者到达地表后形成的断层地貌被人工破坏严重，这种情况下如何准确判断断层的空间位置就需要借助于地球物理探测手段。目前采用的方法主要有高精度重力测量、多道直流电法勘探和浅层人工地震勘探等，这些方法大多面临成本高、施工方法复杂、近地表探测精度低等特点。地质雷达具有快速无损、操作简单、采集速度快的特点，在地表以下几米到十几米深度范围内可有效地配合其他探测手段开展活断层探测。

近年来，地质雷达技术发展迅速。当前国际上主要有美国 SIR 系列、日本 GEORA-DAR 系列、加拿大 pulse EKKO 系列、瑞典 RAMAC 系列（李华等，2010）。本文采用瑞

---

① 基金项目：中国地震局地壳应力研究所中央级公益性科研院所基本科研业务专项资助项目（项目批准号 ZDJ2012-01、ZDJ2010-10）。

典 MALA 公司生产的第三代数字主机 ProEx，分别配合 100MHz 屏蔽天线和 RTA25M 地面耦合天线，对内蒙乌拉山山前断裂和北京夏垫断裂进行探测，验证低频地质雷达在活断层探测中应用的可行性。

二、地质雷达工作原理

地质雷达是基于不同介质的典型差异探测目标体的地球物理方法。当发射天线 T 以宽频带、短脉冲方式向地下发射电磁波时，遇到具有不同介电特性的介质时（如空洞、断层面），就会有部分电磁波能量反射，接收天线 R 接收反射回波并记录反射时间，原理如图 1 所示。雷达反射波的旅行时间，会随被测介质的深度而变化。于是，把发射与接收天线在被测介质表面同步移动，便可将反射界面的反射波依次排列成二维雷达图像，根据雷达图像我们可以判读出探测目标体的状况。

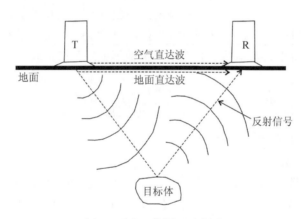

图 1　雷达工作原理示意图

地质雷达的分辨率和探测深度是选择天线时必须考虑的因素。垂直分辨率是在垂直方向能够区分两个反射界面的最小距离，它与雷达天线的中心频率成反比（Bridge J S. et al.，1993）。天线的中心频率越高分辨率越好，但探测深度变得越小。探测深度是指探测到最深的目标体的深度，天线的中心频率越高，介质的相对介电常数和磁导率越大，探测深度越浅（Davis J L et al.，1989）。不同天线频率的探测深度和分辨率见表 1。

表 1　不同天线频率的探测深度和分辨率

中心频率/MHz	探测深度/m	分辨率/cm
10	60	200
25	50	100
50	40	50

中心频率/MHz	探测深度/m	分辨率/cm
100	25	25
200 ~ 250	12	12.5
350 ~ 500	7	5
800	2.5	3
1000	1.5	2.5
1200 ~ 1600	1	1.5
2000 ~ 2500	0.5	0.8

　　本文采用瑞典 MALA 公司生产的第三代数字主机 ProEx，分别配合 100MHz 屏蔽天线和 RTA25M 地面耦合天线。100MHz 的中频屏蔽天线长 1.25m，重量 25.5kg。RTA25M 地面耦合天线是瑞典 MALA 公司于 2007 年推出的一款具有专利技术的低频非屏蔽天线。长度为 13.06m，收发间距 6.2m，具有可单人操作，不受地形限制等优势。数据的野外采集和室内处理则用 Groundvision 采集软件和 Reflex 数据处理及解释软件。

三、实例验证

1. 乌拉山山前断裂

　　乌拉山山前断裂带位于内蒙河套盆地北缘，乌拉山南侧山麓，包头市与乌拉特前旗市之间，走向近东西，展布长度约 120km，是一典型全新世正断层，断面倾向南。乌拉山山前盆地第四系厚约 2400m，山前发育三期洪积扇，形态清晰可辨的洪积扇均形成于全新世晚期，主要为松散的角砾石层。山前断裂紧邻山前，展布于盆地内部的山前洪积扇中。断层在地表形成明显的断错地貌，如断层崖和断层陡坎，很多地点出露断层面。本文首先选取断裂西端的乌拉特前旗东（108°40′32.316″，40°42′49.268″）出露地表断面（图2）位置作为实验点，紧邻断面旁分别进行 100MHz 和 RTA25MHz 两种天线的跨断层施测。

　　野外采用 0.2m 道间距，300MHz 的采样频率以及 512 采样点。数据采集后在室内进行一维滤波、静校正、增益、二维滤波、带通滤波和滑动平均等处理。图 3 为应用 RTA25M 地表耦合天线得出的波形图。在测线上 5m 左右地下深度 25m 范围内，雷达电磁波反射信号振幅较强，且凌乱，同时该处左右相位存在错断。波形图上的这种异常反映地表以下断层破碎带内松软充填物与两侧地层的差异。图像上表现出的这个垂向带状异常并不能辨别出断层的倾向，这主要是由于断层在地表以下较浅深度内倾角较陡（近垂直）造成的，这也与断层在出露地表的剖面上表现出的陡立断面相一致。100M 的屏蔽天线也运用同样的野外采集参数和采集方法，但在这个地点并未探测出断层信号。

图 2　乌拉特前旗东断面

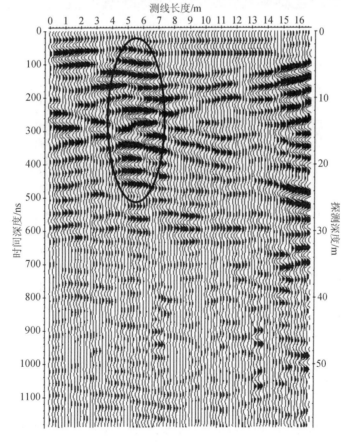

图 3　乌拉特前旗东 RTA25M 地面耦合天线雷达图

　　乌拉山山前断裂上选取的另一个试验点为和顺庄（109°20′16.69″，40°38′7.2″）。位于沟口河床上，河床一侧断面出露地表剖面如图4。在野外选用和乌拉特前旗东同样的采集参数与采集方法。室内作相同的滤波处理，RTA25M地面耦合天线的波形图如下（图5）。

图4　和顺庄断面

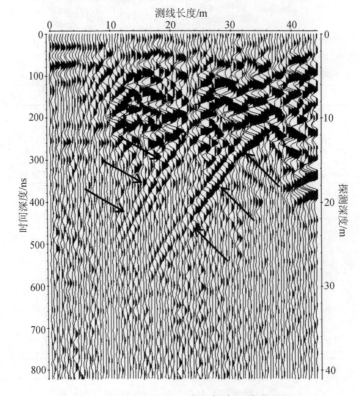

图5　和顺庄 RTA25M 地面耦合天线雷达图

波形图上沿测线方向相隔10m左右出现两条由深到浅较的同相轴，延伸到地表的位置与试验点旁的地表出露两条断层位置一致，因此认为波形图上反映地表以下10～30m深度范围内断层的形态。波形图的同相轴也能反映出断层在地下的倾向和倾角，这与地表上断层倾向南，倾角为65°基本一致。在地表以下0～10m深度范围内反射信号杂乱，反映的是这个深度范围为河床沉积物。100M屏蔽天线在这个试验点也没有得出断层的异常信号。

乌拉山山前断裂西端和中段上选取的两个试验点，RTA25M地面耦合天线上都能较好地探测出断层在地下25米深度内的信息，而100M屏蔽天线对于断层的探测效果不好。

2. 夏垫断裂

夏垫断裂是北京平原区一条重要的隐伏活动断裂。断裂走向N50°E，倾向SE，倾角50°～70°，呈现东南盘下降、西北盘抬升的正断倾滑性质，是北京东侧大厂凹陷和通县凸起两个第四纪构造单元间的断裂。1679年该断裂上曾发生三河-平谷8级大地震（李鼎荣等，1979；王挺梅，1979；彭一民等，1981；孟宪梁等，1983）。夏垫断裂位于松散覆盖层较厚的平原地区，处于隐伏状态。在断裂东段齐心庄东南（116°57′01″，39°58′59.62″）人工开挖的大坑中揭露出清晰的断面（图6），我们在其一侧布设测线。

图6 夏垫断裂齐心庄断面（镜向W）（照片由张国宏提供）

野外采用0.2m道间距、350m采样频率和596采样点。RTA25M地面耦合天线的波形图（图7）在测线上70～80m处存在同相轴错断现像，指示圈内同相轴较短是由断层陡立造成的，图像不能分辨出断层的真实倾角，但可以分辨出断层的倾向。同样的位置在100M屏蔽天线上80～90m处（图8），也存在同相轴的错断，能分辨出断层，但不能分辨断层倾向与其它形态。

夏垫断裂RTA25M地面耦合天线和100M屏蔽天线都能探测到断层，同样的采集参数下，RTA25M地面耦合天线探测断层形态效果比100M屏蔽天线更好。可能原因是两种天线选取同样的野外采集参数，100M屏蔽天线收发天线较近，0.2m的道间距对于陡立的断层两侧地层差异不大的断层效果不佳，缩小道间距，加密相同长度测线上的测点能提高断层的分辨率。

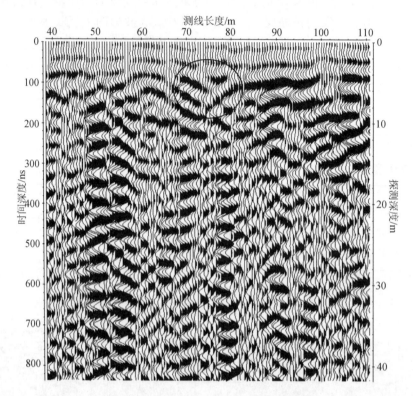

图7 夏垫断裂 RTA25M 地面耦合天线雷达图

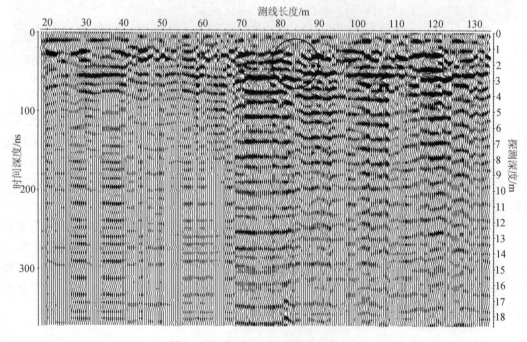

图8 夏垫断裂 100M 屏蔽天线雷达图

四、结论

内蒙乌拉山山前断裂的两个实验点和北京夏垫断裂的一个实验点均表明，RTA25M 地面耦合天线能够揭示出第四系地层中的活断层在地表下 25m 深度范围内的延伸情况。100MHz 屏蔽天线在第四系地层中的断层探测效果差，可能由于本次实验中选取的道间距过大。

RTA25M 地面耦合天线是非屏蔽天线，在野外施工时应注意排除地面上信号干扰。

参 考 文 献

葛双成，江影，颜学军 . 2006. 综合物探技术在堤坝隐患探测中的应用 . 地球物理学进展，21（1）：263 ~ 272.

葛双成，张莎，李强等 . 2007. 探地雷达在海塘堤脚淘空损伤检测中的应用试验及分析 . 地球物理学进展，22（3）：989 ~ 993.

葛双成，邵长云 . 2005. 岩溶勘察中的探地雷达技术及应用 . 地球物理学进展，20（2）：476 ~ 481.

李大心 . 1994. 探地雷达方法与应用 . 北京：地质出版社 .

李鼎荣，彭一民，刘清四等 . 1979. 北京平原区上新统 – 更新统的划分 . 地质科学，（4）：342 ~ –349.

李华，鲁光银，何现启等 . 2010. 探地雷达的发展历程及其前景探讨 . 地球物理学进展，25（4）：1492 ~ 1502.

刘敦文，徐国元，黄仁东 . 2002. 探地雷达技术在古墓完整性探测中的应用 . 地球物理学进展，17（1）：96 ~ 101.

孟宪梁，杜春涛，王瑞 . 1983. 1679 年三河—平谷大震的地震断裂带 . 地震，（3）：18 ~ 23.

彭一民，李鼎荣，谢振钊等 . 1981. 北京平原区同生断裂的某些特征及其研究意义 . 地震地质，3（2）：58 ~ 64.

王俊茹，吕继东 . 2002. 地质雷达在环境地质灾害探测中的应用 . 地质与勘探，38（3）：70 ~ 73.

王挺梅 . 1979. 北京地区近代构造与地震活动的初步研究 . 地震地质，1（2）：38 ~ 45.

杨天春，吕绍林，王齐仁 . 2003. 探地雷达检测道路厚度结构的应用现状及进展 . 物探与化探，27（1）：79 ~ 82.

袁明德 . 2002. 探地雷达探测地下管线的能力 . 物探与化探，26（2）：152 ~ 156.

钟世航 . 2002. 地球物理技术在我国考古和文物保护工作中的应用 . 地球物理学进展，17（3）：498 ~ 506.

朱自强，李华，鲁光银等 . 2007. 页岩发育区浅埋隧道超前地质预报方法研究 . 地球物理学进展，22（1）：250 ~ 254.

Bridge J S. 1993. Description and interpretation of fluvial deposits：a critical perspective. Sedimentology，40：801 ~ 810.

Davis J L. Annan A P. 1989. Ground-penetrating radar for high-resolution mapping of soil and rock stratigraphy. geophys prospect，3：531 ~ 551.

The Application of Low-frequency Ground Penetrating Radar to Active Fault Detection

He Zhongtai[1,2]

(1. Institute of Crustal Dynamics, CEA, Beijing 100085, China)

(2. School of Earth and Space Sciences, Peking University, Beijing 100871, China)

Abstract: There's few application in active fault detection with ground penetrating radar. We use the GPR ProEx made by MALA company in Sweden with RTA25M ground coupling antenna and 100M shield antenna to probe Wulashan piedmont fault in Inner Mongolia and Xiadian fault in Beijing. The result proved that low-frequency ground penetrating radar can be used to probe active faults. RTA25M ground coupling antenna is efficient to probe the active faults within 0—25m below the ground covered by Quaternary stratum.

Key words: low-frequency ground penetrating radar; active fault detection; Wulashan piedmont fault; Xiadian fault

长治地震台体应变的水泥耦合过程分析

马京杰　李海亮　马相波[①]

（中国地震局地壳应力研究所　北京　100085）

摘　要　长治地震台于 2012 年 9 月 17 日安装了体应变仪器，安装时先是将水泥按预定配比和好，通过管道送入井底，然后提出水泥输送管，将体应变探头再送入井底。本文对从探头被水泥包裹开始到水泥产生水化热再至水泥逐步凝固的整个过程进行了分析，对水泥耦合的过程进行了研究。

关键词　体应变　水泥　耦合　长治地震台

一、引　　言

长治地震台位于山西省长治市东北 5km 处老顶山国家森林公园内。长治台体应变安装钻孔位于台站院内，孔深 63m，岩石性质为石灰岩和泥质灰岩，该台为无人值守台站。

我们于 2012 年 9 月 15 日到达台站进行体应变仪器安装。安装前，经专用测锤探测井孔得知，井内无异物，为干孔。准备工作做好后，17 日安装了体应变仪。

二、水泥耦合过程分析

1. 水泥搅拌及探头下井过程

我们把专用水泥倒入大盆中，按比例加入了石英砂和膨胀剂，先进行初期搅拌。待三种物料搅拌均匀后，开始加水，如"钻孔地应变观测新进展"（苏恺之等，2003）所述，专用水泥、砂、水的重量比例为 1∶1∶0.6，且所加清水不得含有碱性，将水加入后即开始搅拌（见图 1），且应按同一方向搅拌，直至盆里无颗粒状水泥块、全部为稀粥状液体为止，搅拌时间为 15～20 分钟左右。待水泥充分混合均匀后就可以将水泥灌入井内了。

首先将搅拌好的水泥通过水泥输送管送入井底，然后提出输送管，再将体应变探头徐徐送入井底，即安装完成。因为水泥为稀粥状，且体应变探头较重，探头进入水泥浆中即自然下沉，最后到达井底，这样能够保证体应变探头周围被水泥充满，周围无空隙气泡等，图 2 为体应变在钻孔内的示意图。

---

① 作者简介：马京杰，工程师，主要从事地震前兆观测技术研究，Email：majingjie@126.com

　　基金项目：中国地震局地壳应力研究所中央公益性基本科研业务专项资金资助项目（ZDJ2010-31-3）

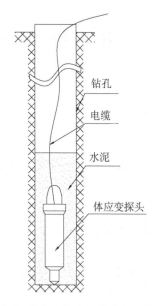

图 1　搅拌水泥　　　　　　　　　　图 2　体应变探头安装位置示意图

2. 水泥耦合过程

水泥加水后的凝固硬化过程是一个复杂的化学反应过程（图 3），可以分为两个阶段，第一个阶段是水泥的凝结过程，第二个阶段是硬化过程，这两个阶段是连续进行的（王莹等，2009；张景富等，2010）。

凝结：水泥加水拌合而成的浆体，经过一系列物理化学变化，浆体逐渐变稠失去可塑性而成为水泥石的过程，凝结过程较为短暂，一般几个小时即可完成，又分为初凝和终凝；

硬化：水泥石强度逐渐发展的过程称为硬化。硬化过程是一个长期的过程，在一定温度和湿度下可持续几十年。

经过两个阶段后，水泥凝固成了水泥石，水泥石主要由凝胶体、晶体、孔隙、水、空气和未水化的水泥颗粒等组成，存在固相、液相和气相。因此硬化后的水泥石是一种多相多孔体系。

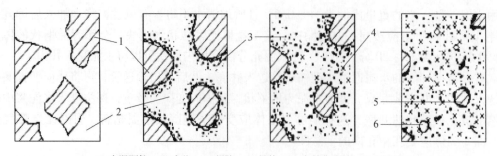

1-水泥颗粒；2-水分；3-凝胶；4-晶体；5-未熟化内核；6-毛隙孔

图 3　水泥凝结硬化过程示意图（据白宪臣，2011）

为了改善水泥的性能，在水泥中掺入的材料称为混合材料，分为活性混合材料和非活性混合材料，其中，我们所加入的磨细的石英砂为非活性混合材料（即不具有潜在的水硬性或质量活性指标，不能达到规定的要求）。

体应变探头下探到井底后，四周感受腔被水泥包裹，因为体应变探头在地面温度较高，下落到井底后温度骤降，探头冷缩，体应变输出电压值为负向并不断增加，当输出电压值达到 $-2V$ 时，体应变内的电磁阀会打开，使上下腔压力平衡，体应变测值归零；随着温度的降低，体应变不断负向开阀。经过 300 分钟左右，水泥开始产生水化热（水泥在凝结过程中释放的热量），探头周围温度升高、热涨，体应变输出值开始由负转正向并不断增加，增加到 $+2V$ 时，探头内的电磁阀也会打开使上下腔压力平衡，输出值归零，随着温度的升高，体应变不断正向开阀。再过大约 700 分钟，水泥产生的水化热逐渐减少，温度降低，已注入钻孔内的水泥开始凝固收缩，探头受周围水泥收缩影响受张力，因此又开始由正转负向开阀，随时间的延长，开阀时间逐渐变长（见图 4（a））。

将图 4（a）中的开阀动作去掉后，如图 4（b）所示，通过图 4（b）可以看出，体应变探头沉入井底后，受周围温度降低的影响，测值呈负向急剧变化；当水泥开始产生水化热后，测值又突然转向，往正向增加；最后随水化热的减少，探头开始慢慢的换向，往负向累积，且变化趋势逐步变缓。

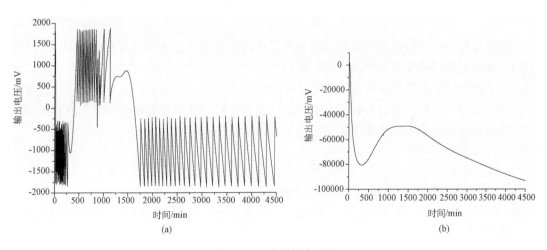

图 4　探头水泥耦合过程

2012 年 10 月 28 日，加拿大夏洛特皇后群岛发生了 7.7 级地震，当时长治地震台的体应变仪器已经安装了 40 天。图 5（a）为体应变仪当天观测值的原始曲线，通过曲线可以看出，此时测值仍在向负向缓慢漂移，从图上能够看出地震波，但幅度不大。图 5（b）为去掉零漂后的曲线，通过此图可以清晰地看出固体潮曲线，且地震波幅度几乎和固体潮幅度相当。因为当地的地质条件不是特别好（钻孔有往外出气现象），故曲线不甚光滑。

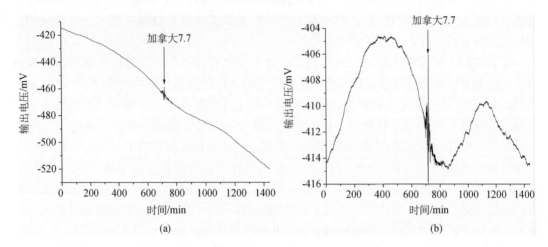

图 5　长治台 2012 年 10 月 28 日体应变观测数据曲线（加拿大夏洛特皇后群岛 7.7 级地震）

三、小　结

通过对长治地震台水泥耦合过程的分析，我们知道了水泥在干孔中的凝结硬化过程，了解了水泥对体应变探头的影响，由此次分析可知，我们的水泥配比是正确和可靠的，通过这种水泥配比和水泥的搅拌输送，能够使体应变正确地感受到岩石的应变信号。通过对水泥耦合过程的分析，能够为我们今后的钻孔应变仪器的井下安装提供水泥方面的指导作用，为钻孔应变探头正确地感受岩石应力信号提供帮助。

参 考 文 献

苏恺之，李海亮，张钧，等 . 2003. 钻孔地应变观测新进展［M］. 北京：地震出版社 .

王莹，高凯恒，俞奎联，等 . 2009. 如何提高水泥石的弹性模量［J］. 四川建筑科学研究，35（6）：231～234.

张景富，林波，王珣，等 . 2010. 单轴应力条件下水泥石强度与弹性模量的关系［J］. 科学技术与工程，10（21）：5249～5256.

白宪臣 . 2011. 土木工程材料［M］. 北京：中国建筑工业出版社 .

The Analysis of Cement Coupling Process of Body-strain Meter in Changzhi Seismic Station

Ma Jingjie   Li Hailiang   Ma Xiangbo

(Institute of Crustal Dynamics, CEA, Beijing 100085, China)

Abstract: The body-strain meter was installed in Changzhi seismic station on September 17, 2012. Before mounting, the cement was mixed according to a predetermined ratio, conveyed through a pipe into the hole, then the pipe was extracted and the probe of body strain was put onto the bottom of the borehole. This article analyzed the whole process from the probe being encased in cement, the production of cement hydration heat, to gradual solidification of the cement, and studied the coupling process of cement.

Key words: body-strain meter; cement coupling; Changzhi seismic station